LA
SUBMERSION DES VIGNES

PAR

T. AMBROY

PRÉSIDENT DE LA SOCIÉTÉ DES VITICULTEURS SUBMERSIONNISTES
DU SUD-EST,
VICE-PRÉSIDENT DE LA SOCIÉTÉ DÉPARTEMENTALE D'AGRICULTURE
DES BOUCHES-DU-RHÔNE.

DEUXIÈME ÉDITION

MONTPELLIER
CAMILLE COULET, LIBRAIRE-ÉDITEUR
LIBRAIRE DE L'ÉCOLE NATIONALE D'AGRICULTURE
Grand'Rue, 5

PARIS
DELAHAYE ET E. LECROSNIER, LIBRAIRES-ÉDITEURS
Place de l'École-de-Médecine, 23
1883

LA

SUBMERSION DES VIGNES

MONTPELLIER

TYPOGRAPHIE ET LITHOGRAPHIE BOEHM ET FILS.

LA
SUBMERSION DES VIGNES

PAR

T. AMBROY

PRÉSIDENT DE LA SOCIÉTÉ DES VITICULTEURS SUBMERSIONNISTES
DU SUD-EST,
VICE-PRÉSIDENT DE LA SOCIÉTÉ DÉPARTEMENTALE D'AGRICULTURE
DES BOUCHES-DU-RHÔNE.

DEUXIÈME ÉDITION

MONTPELLIER
CAMILLE COULET, LIBRAIRE-ÉDITEUR
LIBRAIRE DE L'ÉCOLE NATIONALE D'AGRICULTURE
Grand'Rue, 5

PARIS
A. DELAHAYE ET E. LECROSNIER, LIBRAIRES-ÉDITEURS
Place de l'École-de-Médecine, 23
1883

INTRODUCTION

En France, à cette heure, un immense intérêt préoccupe tous les esprits.

Dans les régions ravagées par le Phylloxera, la conservation et la reconstitution des vignes surexcitent au plus haut degré l'attention publique. Ailleurs, c'est l'élévation du prix des vins, ce sont les fraudes et les sophistications de tous genres qui font maudire le fléau. Partout, on déplore la perte d'un produit qui tient une si large place dans la richesse du pays.

Dans la lutte engagée pour conjurer le mal et en limiter les désolantes perspectives, chacun doit apporter, si faible qu'elle soit, sa part de coopération. C'est dans ce but que nous publions en brochure le Rapport si remarquable et si complet, sur la submersion des vignes, adressé par M. Timoléon Ambroy à la Société départementale d'Agriculture des Bouches-du-Rhône.

Ce système de guérison et de défense ayant été reconnu efficace par tous les viticulteurs qui l'ont pratiqué, nous croyons utile d'en propager, par la publicité, les principes et l'application.

(Note de l'Éditeur.)

LA

SUBMERSION DES VIGNES

RAPPORT

SUR LE

TRAITEMENT DES VIGNES PHYLLOXÉRÉES

PAR LA SUBMERSION

Messieurs ,

Dans votre séance du 19 juillet dernier, vous avez bien voulu me charger de faire un Rapport sur la Submersion des vignes.

En vous remerciant de cette marque de confiance, je ne puis tout d'abord vous dissimuler que la tâche qui m'est dévolue par la Société d'Agriculture est pour moi difficile, et que j'éprouve un grand embarras à traiter un tel sujet avec la sûreté de vues qu'il comporte.

Si j'avais assisté à votre dernière réunion,

j'aurais pu m'inspirer de vos idées, du but que vous vous proposiez, et me demander si je devais vous présenter un exposé succinct ou une étude complète et détaillée de la question, s'il fallait remonter aux origines ou me borner à vous faire connaître les résultats.

Dans cette incertitude, en l'absence de tout programme, j'ai dû ne suivre que mes appréciations personnelles, vous laissant le soin d'opérer les rectifications, de combler les lacunes, et de supprimer les développements superflus que votre judicieux examen ne manquera pas de relever dans ce travail, conduit ainsi sans guide et sans repères.

Ce qui toutefois me paraît opportun et vraiment à sa place, c'est un coup d'œil général jeté sur les diverses et importantes questions se rattachant à cette opération agricole : la submersion des vignes.

Voilà bientôt quinze ans que notre région a été envahie par le Phylloxera. Depuis cette époque, trois périodes parfaitement distinctes se sont succédé : la première, celle de l'invasion, s'est écoulée dans l'ahurissement, les illusions et l'obscurité. On se demandait quelle était la cause de cette maladie. Était-elle due aux sécheresses persistantes, à la dégénérescence de la vigne elle-même ? Puis, s'agitaient des discussions sans fin sur le Phylloxera, cause ou effet. Le fléau étendait chaque jour ses ravages ; on comptait avec une foi robuste sur sa prochaine disparition. Le champ du voisin était atteint, l'ennemi était là ; on espérait toujours qu'il s'arrêterait à cette limite, comme à sa dernière étape. Qui ne se rappelle le langage tenu alors par les viticulteurs de l'autre côté du Rhône : le Phylloxera ne devait pas aller jusque chez eux et, s'il y venait jamais, ils sauraient bien s'en débarrasser comme ils s'étaient débarrassés de l'Oïdium !

C'est ainsi que le temps s'écoulait au milieu de débats stériles, d'alternatives de crainte et d'espérance, pendant que la tache noire s'agrandissait de jour en jour. Ce fut à ce moment que M. Planchon fit connaître sa belle découverte sur le Phylloxera. L'insecte importé d'Amérique était la cause unique de nos désastres. Ce fut de ce point sûr, lumineux, que partirent toutes les recherches, toutes les investigations pour trouver le remède. De son côté, le Gouvernement donnait l'impulsion en promettant une prime de 300,000 fr. La Compagnie P.-L.-M. abaissait ses tarifs pour le transport des matiè-

res curatives (engrais, sulfures, etc., etc.).
Bientôt, de ce mouvement laborieux surgirent
trois systèmes : les insecticides, les plants amé-
ricains, et la submersion. Ces trois systèmes,
dont l'expérimentation a occupé la seconde période sus-énoncée, embrassent tous les moyens
de défense et de salut connus jusqu'à cette
heure. Nous sommes entrés dans la troisième
période, celle pendant laquelle leur application
est devenue large, générale, où l'on peut apprécier les résultats obtenus par chacun d'eux
et se prononcer sur leur mérite respectif.

Je ne m'occuperai pas du rôle des insecticides. Notre honorable collègue, M. Jauffret, a
traité d'une façon complète et vraiment remarquable ce procédé de guérison. Les vignes
américaines trouveront parmi vous des hommes
compétents pour en parler, et nous serons édi-
fiés sur la valeur de ces plants pour la reconstitution de nos vignobles.

Il ne me reste donc qu'à vous entretenir de
la submersion.

J'ai dit que la découverte de M. Planchon
avait subitement éclairé l'horizon et ouvert la
voie qui devait conduire à la solution du problème. J'ajouterai, de plus, qu'elle contenait en

germe, à notre avis, le procédé de la submersion. En effet, lorsqu'il fut reconnu que la vigne succombait par suite des attaques du Phylloxera, beaucoup de personnes se demandèrent si cet insecte appartenait à la famille des Abranches ou bien s'il était pourvu d'appareils respiratoires. Dans ce dernier cas, n'était-il pas probable qu'il ne résisterait pas à une asphyxie prolongée, et quelle asphyxie plus naturelle, plus pratique, que celle fournie par l'immersion dans l'eau, pouvait-on concevoir et expérimenter ?

Ces réflexions ne durent pas échapper à l'esprit sagace de M. Faucon, l'intelligent viticulteur du Mas de Fabre, quand on songe surtout que son beau vignoble dépérissait à vue d'œil, malgré tous les traitements insecticides, les fumures de toutes sortes, et que l'élément sauveur, le canal des Alpines, était sous sa main. Il n'hésita pas à essayer, timidement d'abord, des arrosages fréquents, puis des submersions restreintes, redoutant un peu ce traitement balnéaire pour la santé de ses vignes, bien qu'on eût constaté déjà dans les environs, sur les bords des rivières, que des vignes accidentellement et assez longtemps recouvertes par les eaux avaient conservé toute leur vigueur.

Enhardi par ses premières expériences, il prolongea ses submersions jusqu'à trente et quarante jours, et, après cette durée, il put enfin constater l'entière disparition du Phylloxera, la complète guérison de son vignoble, et s'écrier, avec un sentiment de légitime satisfaction : Euréka !

En effet, M. Faucon venait de rendre à la viticulture un immense service et de mériter la reconnaissance éternelle du pays tout entier. Moi-même, qui suis un de ses adeptes de la première heure, qui, dès le début, en 1872, ai planté 50 hectares dont la prospérité ne s'est pas démentie un instant, je croirais manquer à un devoir impérieux si je ne saisissais cette circonstance pour lui renouveler l'expression de ma plus vive gratitude.

On dit bien que d'autres viticulteurs ont aussi conçu l'idée de la submersion; on prétend même que M. le Dr Seigle, au Thor, a submergé avant lui ; mais qu'importe ! Le véritable inventeur de la submersion est celui qui, l'ayant pratiquée, l'a propagée, l'a vulgarisée avec un zèle infatigable et une persistance sans pareille. Quand on songe à la lenteur avec laquelle les meilleures méthodes se répandent dans le monde des agriculteurs ; quand on réfléchit aux

incrédulités, aux dénégations qui se produisent
encore autour de nous, après tant d'années de
succès certain, on est porté à se demander à
quelle époque nous aurions été mis en pos-
session de ce précieux instrument si M. Faucon
l'avait gardé pour lui et ne l'avait pas divulgué
sans trêve ni repos.

D'ailleurs, le Gouvernement a souveraine-
ment tranché le débat en lui accordant, à deux
reprises différentes, des récompenses honori-
fiques justement méritées.

Voilà donc le remède trouvé et le système
expérimenté. L'inventeur en a soigneusement
prescrit les règles et tracé l'application. Il a
indiqué l'époque et la durée de la submersion
d'une manière précise.

Seulement, il faut remarquer que M. Faucon
avait un vignoble en pleine existence lorsqu'il
a eu recours à la submersion (ses vignes da-
taient de vingt à vingt-cinq ans), et que, par
suite, il a dû subir, dans la mise en pratique
de son procédé, des conditions préexistantes
de plantation qu'il n'a pu modifier à son gré.

Les plantations nouvelles, au contraire, créées
en vue d'une submersion future, établies en
toute liberté, sur table rase, peuvent échapper
à tous les obstacles que présente une première

installation opérée en dehors de toute idée de submersion.

Il suit de là que les viticulteurs submersionnistes se trouvent divisés en deux groupes : l'un, comprenant tous ceux qui, ayant de vieilles vignes, les ont soumises à la submersion pour les débarrasser du Phylloxera ; l'autre, comprenant tous ceux qui ont planté ou doivent planter avec l'intention de recourir à ce procédé.

M. Faucon appartient au premier groupe. Aussi, comme nous l'avons dit, tout ce qui touche à l'époque de la submersion, à sa durée, à la quantité des eaux à employer, etc., etc., a été supérieurement traité dans ses ouvrages et mis à la portée de tout le monde ; mais il n'a dû s'inspirer, dans ses études, que des faits spéciaux intimement liés à la guérison de son vignoble du Mas de Fabre. Cette considération nous avait paru faire ressortir l'opportunité d'offrir aux nouveaux venus, dans le champ de la submersion, quelques données à consulter pour des créations nouvelles.

Ce fut le sujet d'une communication que nous présentâmes à l'assemblée des Viticulteurs submersionnistes dans la séance du 5 octobre 1880 et que nous croyons utile de relater ici.

Nous disions :

§ Ier.

DU CHOIX DES EAUX DE SUBMERSION ET DU MEILLEUR MODE D'ADDUCTION DE CES EAUX DANS LES VIGNES SUBMERSIBLES.

Généralement, on n'a pas la faculté de choisir les eaux que l'on désire amener sur les vignes submersibles ; mais l'alternative se présente quelquefois. Il n'est dès lors pas hors de propos d'exposer les motifs qui nous font établir une préférence.

A notre avis, la condition essentielle, absolue, primant toutes les autres, que l'on ne saurait méconnaître sans danger, c'est que les eaux que l'on veut employer *soient constamment assez abondantes* pour ne pas exposer l'opération de la submersion à une interruption quelconque. Il importe peu que ces eaux soient plus ou moins fertilisantes, que leur adduction soit plus ou moins facile et économique. Il faut, par dessus tout, qu'elles ne puissent jamais faire défaut. Que sont en effet quelques centaines de francs dans la dépense ! Tant que le Phylloxera n'aura pas disparu, le prix du vin sera suffisamment rémunérateur pour couvrir tout excédant de frais. Il n'y a pas lieu d'hésiter à cet égard,

quand il est avéré qu'une submersion manquée
peut, à la suite des réinvasions estivales, com-
promettre l'existence du plus beau vignoble et
causer des pertes irréparables.

Cette considération majeure nous conduit à
conseiller sans hésitation l'emploi des eaux
surélevées au moyen des machines élévatoires,
plutôt que celui des eaux provenant des canaux
d'irrigation. Pourquoi ? Parce qu'avec une
prise particulière, sur une source d'alimentation à soi, on est maître de commencer la submersion quand on le veut, de la diriger comme
on l'entend ; on n'a, en un mot, qu'à consulter
sa propre convenance, sans être solidaire d'intérêts souvent divergents ; de plus, on n'est pas
astreint à se conformer, à son détriment, aux
règlements qui régissent les canaux d'irrigation, à supporter les temps d'arrêts qui sur-
viennent fréquemment, provoqués, soit par la
formation des glaces dans les vallées supérieures, soit par des accidents de toute nature auxquels sont exposés les cours d'eau ;
on n'a pas à redouter, ce qui ne manque pas
d'importance, la pénurie d'eau, qui devient
imminente par suite de l'extension que pren-
nent de jour en jour les plantations de vignes
submersibles. Ce n'est certes pas une crainte

chimérique, quand on voit le nombre toujours croissant des submersionnistes et que l'on connaît le volume d'eau considérable nécessaire aux besoins des submersions.

Enfin ce mode d'alimentation doit procurer un avantage précieux, qui consiste à rendre nuls les dommages causés par les filtrations. Au moyen d'un fossé collecteur entourant la propriété submergée, les eaux de colatures sont continuellement ramenées au bassin où fonctionne la machine élévatoire ; là, elles sont sans cesse élevées et rejetées sur les terrains submergés, et, par cette captation constante, elles ne peuvent pas, fort heureusement, se répandre sur les propriétés voisines.

Au reste, la différence du prix de revient dans les deux systèmes est moins grande que ce que l'on pourrait supposer. L'emploi des machines élévatoires à vapeur a été, au début, un épouvantail ; à cette heure, on sait qu'il faut beaucoup en rabattre : MM. Castelnau, Reich, Espitalier, et d'autres qui les ont utilisées il y a quelques années, affirment que dans les terrains de moyenne compacité le coût par hectare varie de soixante à quatre-vingts francs ; au Grand-Clos, près Fontvieille, sur un sol extrêmement perméable, il ne dépasse pas cent francs. D'un autre côté, la taxe de submersion perçue par le Canal des Alpines est de trente-cinq francs par hectare, elle est de cinquante et quatre-vingts francs pour le canal de Beaucaire, et de cent francs pour l'œuvre générale de Crapone. On le voit, l'écart n'est pas énorme, et, fût-il plus considérable, en raison des motifs ci-dessus exposés, il n'y aurait pas lieu d'en tenir compte.

§ II.

DE L'ÉVACUATION DES EAUX DE SUBMERSION.

Après que l'on s'est assuré de l'alimentation permanente des eaux, on doit, avec non moins de sollicitude, se préoccuper de leur évacuation. Les opérations de submersion ayant lieu ordinairement dans les plaines, là où les écoulages sont peu énergiques, on est exposé à rencontrer de très sérieux obstacles pour faire fonctionner cette partie du système. Les eaux de filtrations sont les plus embarrassantes et les plus nuisibles, parce que leur nocuité s'exerce pendant deux ou trois mois consécutifs ; c'est dans ce cas que l'usage des machines élévatoires, que nous avons recommandé, est appelé à rendre un service décisif. Les eaux d'évacuation directe, au contraire, s'en vont plus rapidement, découlant de terrains plus élevés que leurs émissaires ; elles achèvent leur fuite en deux ou trois jours au plus ; il ne peut y avoir alors qu'un accident passager, qu'un dommage restreint, que les propriétaires voisins sont plus disposés à supporter.

Quoi qu'il en soit, il est prudent de se mettre à l'abri de toutes les fâcheuses éventualités inhérentes à ce côté de la submersion : si les voisins en général sont peu endurants, ceux des vignes sont féroces. Donc, pas d'illusions sur des tolérances possibles : il faut prendre toutes précautions à leur égard, et surtout ne pas attendre d'être en pleine exploitation pour se débattre contre les difficultés, les prétentions de toute espèce qui surgissent incessamment et de tous côtés. Il faut, dès le début, agrandir roubines et fossés, en creuser de nouveaux, acquérir de nouvelles servitudes si besoin est ; car ce qui est facile à ce moment devient impossible plus tard.

Grâce à ces prévoyantes dispositions, on aura assis l'opération sur des bases solides et conquis, pour l'achèvement de sa tâche, une grande tranquillité d'esprit.

§ III.

DES COMPARTIMENTS.

Que ce soit par un canal en relief ou par une machine élévatoire, les eaux doivent être introduites sur le point culminant de la propriété à submerger ; elles doivent être reçues dans les divers compartiments ou divisions établis au préalable et de façon à se commander les uns les autres. Aucune condition de surface ne doit être observée pour leur établissement ; ils peuvent comprendre 5, 10, 20, 30 hectares et plus. Le point essentiel est d'encadrer des terrains d'un horizontalité uniforme, afin de n'avoir à mettre partout qu'une tranche d'eau à peu près égale, et de n'avoir pas à contenir 50 centim. ou 1 mètre d'eau sur un point, tandis que, sur d'autres, on parvient à peine à recouvrir le sol ; car, dans ce cas, les bourrelets seraient surélevés et renforcés en pure perte, et le volume d'eau serait augmenté sans profit ; sans compter, ce qui est plus grave, les inconvénients inévitables pour les cultures quand viendrait le moment de l'évacuation des eaux, évacuation irrégulière, qui laisserait les parties basses imprégnées d'humidité et inabordables, tandis que les parties supérieures arriveraient à un état de dessiccation et de resserrement impossible à rompre.

Il faut que chaque compartiment ait une prise particulière sur la principale rigole d'amenée et une issue indépendante pour sa prompte évacuation, afin de pouvoir, après la submersion réglementaire, être vidé séparément et être rendu à la culture le plus tôt possible. On doit commencer par l'immersion du premier compartiment contigu à la prise générale ; celui-ci, étant muni des déversoirs construits sur les bourrelets de séparation, déverse son trop plein dans le suivant, lequel, à son tour, se remplit, pendant que le premier continue à garder son contingent, et passe également son excédant, après refus, à un troisième ; et ainsi de suite. Quand la période de quarante jours est terminée pour le premier, on ferme la vanne d'accès, on ouvre les martelières de fuite, et on continue la même évolution pour les autres jusqu'au dernier, qui clôt l'opération de la submersion.

---

§ IV.

DES BOURRELETS.

Les dimensions à donner aux bourrelets qui encadrent les compartiments doivent être calculées sur une épaisseur d'eau de 30 centim. et sur une surélévation de 20 à 30, produite par l'intumescence accidentelle occasionnée par la violence des vents. Leur hauteur doit être au moins de 80 centim., y compris par conséquent une revanche de 20, avec un couronnement de 50 de largeur et des talus réglés à 45° ; ils doivent être construits au moyen d'un emprunt de terre, soit à l'extérieur, soit à l'intérieur, à une certaine distance des talus, pour être à l'abri des affouillements. Cet emprunt doit être pris, à l'intérieur, en surface plutôt qu'en profondeur, malgré la longueur du jet de pelle ; on évitera ainsi la formation de tranchées ou de fortes dépressions dont les inconvénients sont notoires. Il convient d'établir ces bourrelets avant toute plantation, dans le double but de leur donner le temps de se tasser et de n'avoir pas plus tard à arracher ni replanter les rangées de vignes imprudemment alignées dans leur voisinage. Il faut aussi ne pas manquer de les

défendre contre les érosions causées par le batil-
lage des eaux. On a essayé divers moyens pour
atteindre ce but. Le plus simple est de semer
sur les talus des graines de plantes fourragères,
et d'obtenir ainsi un gazonnement protecteur ;
mais nous ne croyons pas ce moyen suffisant, il
est lent et incomplet. Ce qui est préférable et
plus sûr, c'est de les revêtir de gerbes de roseaux morts, assujettis par une ligne de fil de
fer galvanisé, fixée de distance en distance
par des piquets enfoncés dans la terre. Cette
défense, qui n'est pas très coûteuse, est radi-
cale, elle dure trois ou quatre ans, sans qu'il soit
nécessaire d'y revenir ; après ce délai, les
vignes ont poussé des sarments assez longs et
assez nombreux pour couper les vagues, con-
stituer pour ainsi dire des brise-lames naturels
et annihiler toute action corrosive.

Nous ajouterons toutefois qu'on peut très
avantageusement remplacer les bourrelets, partout où il y possibilité et convenance, par des
chemins de service suffisamment exhaussés pour
dominer les eaux.

Enfin, quand on a ainsi tout préparé pour la
submersion, il reste à savoir dans quelle année,
après la plantation, il convient de la mettre en
pratique. Doit-on attendre la troisième ou qua-

trième année, époque probable des atteintes du Phylloxera? Nous ne le pensons pas. A notre avis, il faut agir dès la deuxième année, non pas en vue de la préservation ou de la guérison de la maladie, qui n'arrive d'ordinaire que plus tard, mais en vue d'une opération d'essai. Car, quelle que soit la justesse des calculs de dénivellation auxquels on s'est livré, quels que soient les soins apportés dans les travaux d'organisation de l'œuvre, l'épreuve seule démontrera l'infaillibilité des dispositions prises. C'est en pareille entreprise surtout que l'imprévu surgit, alors que l'on croit avoir tout prévu. Il est donc sage de ne s'en rapporter qu'à ce que l'expérimentation préalable aura consacré, permettant ainsi de redresser en temps opportun les points défectueux, et d'assurer le parfait fonctionnement du système avant le jour où il y aurait grand dommage à le perfectionner et à le compléter. C'est ce qu'on appelle, qu'on nous passe le mot, rectifier son tir.

Telles sont les principales bases sur lesquelles doivent, suivant nous, reposer les dispositions à prendre pour la submersion. Nous ferons remarquer qu'il appartient à chacun, bien entendu, de les modifier suivant les lieux et les circonstances, sous la réserve toutefois de ne pas méconnaître celles que l'expérience acquise a reconnues indispensables. On est porté trop facilement, cela se conçoit, à avoir plus de confiance dans sa propre initiative que dans les enseignements d'autrui. C'est aller quelquefois au-devant d'un écueil certain.

§ V.

DE LA PERMÉABILITÉ DU SOL COMME OBSTACLE A LA SUBMERSION DES VIGNES.

L'efficacité du système de la submersion étant incontestable, son mode de fonctionnement étant connu, tout marcherait à souhait et il n'y aurait plus rien à désirer s'il pouvait être appliqué partout, sans distinction de lieux et de terrains. Malheureusement, il n'en est pas ainsi. L'application en est restreinte et circonscrite par de nombreux obstacles. C'est là ce qui explique pourquoi le prix de 300,000 francs promis à l'auteur du remède contre le Phylloxera n'a pas été décerné à l'inventeur de ce système.

Plusieurs causes en effet restreignent le champ sur lequel les opérations de submersion peuvent s'établir avec succès. Énumérons-les rapidement : d'abord la pénurie d'eau, ensuite la trop grande déclivité des terrains, enfin la perméabilité du sol.

On connaît les divers moyens auxquels on peut recourir pour remédier à la pénurie d'eau ; chacun se rend compte des mesures nécessaires, suivant les lieux et les circonstances, pour lutter contre cet obstacle. Nous dirons la même chose au sujet des inconvénients qui résultent de la déclivité du sol. C'est en s'inspirant de la situation des lieux, c'est en supputant les dépenses que l'on devra s'imposer, que l'on peut tenter de les combattre et de les surmonter.

Reste la question de la perméabilité du sol à résoudre.

Les difficultés provenant de la perméabilité du sol ne sont pas toujours insurmontables : il est certains cas où elles ne sont qu'apparentes et peuvent facilement disparaître. Nous pouvons, à ce sujet, fournir quelques indications utiles aux propriétaires qui ont, peut-être à tort, renoncé à la submersion de terrains trop perméables.

Voici ce qui s'est passé au Grand-Clos, domaine situé à Fontvieille, dans la plaine autrefois à l'état de marais qui avoisine la montagne de Cardes et dont les terrains tourbeux sont d'une grande perméabilité.

Après les premiers essais de submersion sur une surface nouvellement plantée d'environ cinquante hectares, on reconnut l'impossibilité d'y maintenir les eaux qu'on amenait au moyen d'une machine élévatoire. A mesure qu'elles arrivaient dans les compartiments à submerger, elles disparaissaient par suite de filtrations considérables. On se voyait réduit à abandonner l'entreprise, lorsque le hasard fit trouver un remède inespéré. Le propriétaire, en faisant creuser un fossé pour amener des eaux plus abondantes, rencontra, à $1^m,50$ de profondeur, une couche de terrain argileux imperméable. Les déperditions ne s'opéraient donc qu'horizontalement. Dès lors, il n'y avait plus qu'à encadrer le périmètre submergé par une chaussée imperméable, reposant à $1^m,50$ sur la couche sus-désignée, remplissant comme paroi étanche à l'intérieur le même rôle que les bourrelets jouent à la surface. Il fit donc ouvrir sur le pourtour de son terrain, là où les filtrations se montraient les plus intenses, une tranchée de 1 mètre de largeur sur $1^m,50$ de profondeur. Il fit ensuite remettre les déblais,

asséchés et additionnés de partie de cendrée de
chaux, dans le vide d'où ils avaient été extraits,
en ayant soin de les tasser et de les pilonner
fortement par petites fractions. Il obtint de cette
façon une digue intérieure imperméable. Les
filtrations furent arrêtées, et la submersion de
ce vignoble a fonctionné à merveille depuis
cette époque, qui remonte à 1875.

Il est hors de doute que le fait constaté par
ce propriétaire n'est pas isolé, et que l'existence
d'une couche imperméable à une certaine profondeur doit se présenter dans beaucoup de
terrains en plaine qui ont la même formation
géologique.

Le coût de ce travail n'est pas hors de proportion avec les résultats obtenus. Il ne s'agit
que d'une dépense de main d'œuvre quand le
terrain sur lequel on opère est compressible ;
l'addition de chaux n'est même pas nécessaire,
il suffit de rompre le lit des couches. Du reste,
les bourrelets révèlent le degré de compacité
des terrains auxquels ils sont empruntés, et,
en cas de doute et pour agir à coup sûr, on
peut préalablement faire un essai sur un carré
de quelques mètres. Ce carré, entouré d'un
petit bourrelet de 50 centim. de terre tassée,
avec une cuvette étanche et rempli d'eau, in-

diquera s'il y a lieu d'entreprendre l'opération projetée. Si toutefois l'épreuve démontrait l'impossibilité du tassement exigé, on pourrait le remplacer par un mur de quelques centimètres d'épaisseur en béton ou en pisé.

On peut aussi, dans certains cas et sans bourse délier, obvier dans une certaine mesure aux inconvénients qui résultent de cette perméabilité du sol.

On a remarqué qu'à la suite de violents coups de vent, les filtrations s'étaient arrêtées dans des terrains submergés avec des eaux limpides. Il paraîtrait que les troubles soulevés par la tourmente forment, le calme revenu, un dépôt qui, en obstruant les fissures du sol, en opérant une sorte de colmatage glaiseux, diminue des quatre cinquièmes les filtrations constatées auparavant.

Il y a là une raison plausible de supposer que, si on pouvait profiter des crues des cours d'eau pour introduire dans les terrains perméables des eaux limoneuses, on obtiendrait des résultats très satisfaisants. D'ailleurs, dans le Bordelais, où l'on submerge avec les eaux constamment boueuses de la Gironde, on ne se préoccupe pas des inconvénients de la perméabilité du sol.

Les viticulteurs qui seraient tentés d'abandonner la submersion de leurs vignobles, à cause de leur trop grande perméabilité, devraient donc examiner s'ils ne se trouveraient pas dans une des conditions favorables que nous venons d'indiquer, et s'ils ne devraient pas, sans hésitation, mettre à profit des procédés aussi pratiques que remunérateurs.

§ VI.

LA SUBMERSION EST-ELLE NUISIBLE A LA VÉGÉTATION DE LA VIGNE ?
AMÈNE-T-ELLE L'APPAUVRISSEMENT DU SOL ?

Ces deux objections, qui paraissaient sérieuses au premier abord, ne sont pas fondées. Les craintes qu'elles avaient fait naître ne se sont pas réalisées. La vigne supporte très bien la submersion ; elle reste insensible à son action prolongée. Il suffit pour cela que le contact de l'eau n'ait lieu que lorsque la sève est arrêtée. A ce moment, l'immersion la plus complète du tronc et même des sarments ne lui cause aucun préjudice. On dirait qu'elle est entrée alors dans un repos léthargique qui lui permet de se passer de l'air atmosphérique ; cela est si vrai que, plus la couche d'eau qui la recouvre est épaisse, mieux elle se comporte.

Ce régime aquatique, si irrationnel qu'il paraisse appliqué à un arbuste considéré si longtemps comme l'hôte favori des coteaux, n'a fait surgir aucun accident fâcheux, aucune nouvelle maladie. L'oïdium, l'anthracnose, etc., et toutes les maladies qui existaient déjà, n'ont pas trouvé là les éléments d'expansion et d'intensité qu'on pouvait redouter.

Enfin, les récoltes abondantes que donnent les vignes depuis longtemps submergées, la belle végétation qu'elles ne cessent d'étaler, prouvent mieux que tous les raisonnements que les appréhensions manifestées à ce sujet étaient vaines et chimériques.

On a prétendu, en second lieu, que la submersion stérilisait le sol. Un grand nombre de viticulteurs avaient été, dès le début, frappés de cette opinion, qui, il faut le reconnaître, avait rencontré beaucoup d'adhérents ; avec le temps, on est allé au fond des choses, on s'est rendu compte de la vérité, et nous croyons qu'à cette heure la lumière est faite sur ce point.

M. Trouchaud-Verdier, dans un excellent Rapport lu à la Société des Viticulteurs submersionnistes du Sud-Est, le 20 mars 1881, affirmait, sans être contredit, que l'eau, en traversant le sol, ne lui enlève rien de ses principes fertilisants.

Il citait : M. Hervé-Mangon, qui a constaté que l'eau, en s'infiltrant dans les prairies et les terres arables, abandonne une partie de son azote d'ammoniaque et de son acide azotique qui s'agrège au sol et se fixe dans les récoltes ; MM. Vay et Kratter, qui en examinant les eaux de drainage ont remarqué que la quantité de matières dissoutes est très faible, que les sels de chaux forment souvent la moitié du résidu soluble, tandis que la potasse, l'ammoniaque, l'acide phosphorique, ne se rencontraient au contraire qu'en très faibles proportions, et remarqué aussi que les éléments entraînés sont presque sans importance pour la végétation.

Citons également M. Reich, qui, en Camargue, a drainé 7 à 8 hectares, les a fumés avec des superphophates et du sulfate d'ammoniaque, et qui, après dix jours de submersion, en analysant les eaux évacuées par les drains, n'a pu trouver trace de ces engrais chimiques.

Nous-même, bien que nous eussions observé que les prés palustres, dans nos contrées, donnaient des récoltes plus abondantes après de longues inondations hivernales, bien qu'il nous fût affirmé que dans les Vosges et le Jura on avait recours à de semblables inondations pour accroître le rendement des prairies, que dans le Caucase et la Crimée on submergeait depuis longtemps les vignes dans le seul but de leur donner plus de vigueur, nous avons voulu ajouter à ces données générales, à toutes ces constatations et à nos propres expériences une certitude scientifique. Nous avons adressé, en février 1876, à M. Villot, ingénieur des mines, chargé du laboratoire de chimie, à Marseille, quatre bouteilles soigneusement numérotées ; deux de ces bouteilles avaient été remplies avec l'eau du canal d'amenée et les deux autres avec de l'eau puisée à 1 mètre de profondeur dans les fossés de colatures.

Voici le résultat de l'analyse qui nous fut transmis :

gr. mil.

Le n° 1, eau de colatures, contenait......... 0,395
    d'extrait sec par litre.
Le n° 2, eau de colatures, en contenait...... 0,440
Tandis que le n° 3, eau du canal, en contenait. 0,592
Et le n° 4, eau du canal, en contenait....... 0,780

En reprenant chaque résidu par l'acide chlorhydrique, il ne s'était trouvé que des sels fins de carbonate de chaux ; donc la submersion apportait dans les terrains submergés plus de matières qu'elle n'en entraînait.

Reste-t-il encore quelque doute après une telle démonstration ? Nous dirons, de plus, que depuis huit ans nous submergeons des vignes sans qu'elles aient reçu un fétu de paille, un atome d'engrais quelconque, et pourtant elles n'ont jamais présenté une plus riche végétation, une plus belle fructification que cette année. Il est vrai que les terrains sur lesquels elles sont plantées sont d'anciens marrais desséchés; mais, d'autre part, les filtrations y étant très considérables, les effets du lessivage ou du drainage, s'ils étaient à redouter, devraient s'y produire avec plus d'intensité que partout ailleurs. Quand on songe que chaque submersion y nécessite l'introduction de 10,000 mètres cubes par hectare, que cette masse d'eau passe presque toute à travers ces terrains extrêmement perméables, ne paraît-il pas évident que, si dans son passage elle les dépouillait des matières nutritives et fécondantes, la vigne ne devrait plus offrir, après huit ans d'un tel régime, qu'une végétation languissante ? Or, l'état prospère indiqué plus haut jure avec toute idée d'appauvrissement du sol.

Nous pouvons donc, sous ce rapport, être

parfaitement rassurés sur l'avenir de nos vignobles.

Il se pourrait toutefois qu'une longue imbibition des terrains eût pour effet de dissoudre
une plus grande quantité de sels et de les ren·
dre plus vite assimilables, comme aussi d'épuiser
plus promptement la provision de matières
nutritives que chaque sol renferme pour chaque
plante. Dans ce cas, la vigne se développerait
avec une plus grande vigueur ; mais cet excès de
végétation serait facile à corriger par la taille,
de façon à ce que la partie fructifère marchât
de front avec la partie ligneuse. Il ne faudrait
pas trop se plaindre de cette exubérance, car
on récolterait en dix ans ce que l'on n'aurait
obtenu qu'au bout de vingt ans ; on ferait, à vrai
dire, de la culture intensive, et nous ne sachons
pas que cette méthode soit condamnée par les
viticulteurs intelligents. Si, après tout, l'épuise-
ment finissait, à la longue, par gagner la vigne,
les intérêts de l'opération seraient sauvegardés
par cette réalisation anticipée de produits. Rien
ne s'opposerait du reste à ce que l'on eût recours
aux fumures dès le premier symptôme de fai·
blesse. Il est d'une bonne exploitation de pré-
venir le déclin et de fumer constamment.
Aujourd'hui surtout, les engrais chimiques d'une

composition de jour en jour meilleure, d'une manutention facile, se multiplient, se vulgarisent et remplacent avantageusement les fumiers do ferme, qui ne pourraient suffire aux besoins toujours croissants de la consommation ; et les industriels qui les fabriquent, éclairés par les avis et par les conseils des viticulteurs pratiques, peuvent offrir des engrais spéciaux pour vivifier et réconforter les vignobles submergés quand la nécessité s'en fait sentir. Dans tous les cas, il ne serait pas juste de mettre sur le compte de la submersion ce qui ne peut être attribué qu'à une espèce de *majoration* de la production.

§ VII.

DE L'INFLUENCE DE LA SUBMERSION SUR LA QUALITÉ DU VIN.

Une autre erreur, de moindre importance il est vrai, mais qu'il n'est pas moins utile de réfuter, s'était accréditée dès l'origine de la submersion. On supposait généralement que le séjour des eaux dans les vignes, pendant un certain temps, devait nécessairement altérer la qualité du vin. On savait que la pluie, les rosées

abondantes, en diminuent la richesse alcoolique
et la saveur. Partant de cette idée, on trouvait
tout naturel d'attribuer les mêmes effets à la
même cause, quoique agissant dans des conditions toutes différentes. Aussi un certain discré-
dit serait-il attaché aux vins des vignes submergées, que l'on désignait sous le nom caracté-
ristique et peu flatteur de vins de grenouille.
On se trompait : on ne tenait pas compte de la
différence qui doit rationnellement se produire
entre une immersion pratiquée au moment de
l'arrêt complet de toute végétation et l'humidité
qui se répand en pleine explosion de sève et de
fructification. Ainsi que nous l'avons établi plus
haut, c'est de la même manière et en suivant
les mêmes errements qu'on avait jugé la submersion au sujet de l'appauvrissement du sol.
De ce que l'irrigation détermine en été la stéri-
lisation des terrains par une dessiccation rapide,
une prompte évaporation des gaz fertilisants,
sous l'action d'un soleil brûlant et d'un mistral
desséchant, on en avait conclu que la submersion hivernale, bien qu'affranchie de ces inconvénients climatériques, amènerait le même
résultat. Or, comme les pluies fréquentes dété-
riorent la qualité du vin, à plus forte raison
croyait-on à la nocuité de la submersion qui,

pendant sa durée, remplit pour ainsi dire le rôle d'une pluie permanente.

Quant à nous, après les constatations les plus consciencieuses et les plus sûres, nous osons affirmer que la submersion des vignes n'exerce aucune mauvaise influence sur la qualité du vin; nous serions même porté à dire que son action est à cet égard plutôt favorable que nuisible. En effet, n'est-il pas évident que le sous-sol des terrains fortement imbibés par les eaux de submersion maintient toute l'année la vigne dans un état de fraîcheur des plus propices à la parfaite maturité des raisins, et cette maturité parfaite n'est-elle pas une des meilleures conditions pour obtenir de bons produits? D'ailleurs, l'expérience, qui, en viticulture comme en toute chose, prime les plus belles théories, va vous convaincre pleinement.

Autrefois, dans notre région, dans les plaines maintenant submergées du Trébon, de la Camargue, du plan de Bourg, etc., etc., le vin récolté était détestable. On ne pouvait le conserver au delà du mois de mars ; dès cette époque, on était obligé, pour en tirer parti, de le livrer à la distillerie. Aujourd'hui, au contraire, la vente en est assurée à des prix élevés ; les négociants, bons juges en pareille matière, on en conviendra, s'empressent tous les ans de faire des achats importants dans le pays, sans se préoccuper de savoir si le vin provient de vignes submergées ou non.

L'an passé, ils ont payé :

La cave de la Tour d'Allen...... F. 30 l'hectolitre.
Celle du Mas de Vert.......... 29   »
Du Grand Clos............... 32   »
Sainte-Cécile. 34   »

Et bien d'autres que l'on pourrait citer, acquises dans les mêmes prix. La récolte de cette année à été vendue au prix moyen de 30 fr. l'hectolitre. Ces hauts prix n'attestent-ils pas surabondamment la bonne qualité du vin des vignes submergées, la valeur de leur titre alcoolique et de leur *vinosité ?*

Que les progrès de la vinification, que le bon choix et l'entretien des futailles aient amené une amélioration notable, nous ne le nions pas ; mais est-il au moins certain que la submersion n'apporte avec elle aucun élément d'infériorité.

Donc, que l'on produise beaucoup de ce vin-là, et que l'on ne s'inquiète ni de la qualité ni du prix de vente. Ce ne sera pas de ce côté assurément qu'il y aura à redouter des mécomptes.

§ VIII.

QUELS SONT LES CÉPAGES QUI SE COMPORTENT LE MIEUX A LA SUBMERSION ?

Dans une réunion de la Société des Submersionnistes du Sud-Est, à laquelle assistaient de nombreux propriétaires viticulteurs, il fut unanimement reconnu que tous les cépages indigènes se comportent bien à la submersion.

Deux d'entre eux néanmoins ne font pas aussi bonne figure que les autres ; il convient de les signaler : ce sont les *Grenaches* et les *Spars* ou *Mourvèdres*.

Les *Grenaches* mûrissent leurs bois fort tard, et si, à l'époque de la submersion, les sarments ne sont pas aoûtés, la sève s'arrête ; elle est refoulée dans le tronc et les racines, et amène la désorganisation des tissus. La vigne en éprouve un grave contre-coup. L'année suivante, la pousse languit, se développe mal, ne donne pas de fruits, et il faut deux ou trois ans avant qu'elle ait pris son ancienne vigueur.

Les *Spars* dépérissent quelquefois après la submersion, sans cause apparente ou connue. Ce dépérissement se manifeste surtout dans les

parties de terrain où les eaux séjournent depuis
longtemps. Là, on n'aperçoit encore aucune
trace de végétation, alors que tout autour elle
est déjà très avancée. Quinze ou vingt jours
après l'épanouissement général, les souches
atteintes commencent à pousser, mais d'une
manière anormale ; les bourgeons, les sarments,
ne sortent que du pied ou de la couronne ; une
ou deux cornes sur trois ou quatre sont sèches ;
les jets sont longs et grêles ; les mérithalles,
très espacées, avec de petites feuilles d'un vert
pâle et point de fruit ; quelques-unes ne repous-
sent plus du tout. Le système radiculaire reste
en bon état ; on constate seulement une bande
de carie longitudinale, allant du moignon des
racines à l'extrémité des branches. Malgré ces
accidents, elles se reconstituent pourtant les
années suivantes, en conservant un aspect ma-
ladif.

M. Planchon, consulté à ce sujet, et à qui
on avait envoyé un spécimen de souches mala-
lades, répondit qu'il ignorait la cause de cette
maladie ; qu'il n'avait rien trouvé, aucune trace
d'insecte ou de cryptogame ; qu'il se pourrait
que ce fût une espèce d'anthracnose ponctuée
ou bien le néro, maladie récemment découverte en Sicile, qui a beaucoup d'analogie avec

celle-là, mais qu'il ne pouvait rien affirmer. Peut-être serait-il plus rationnel d'admettre qu'elle est occasionnée par une humidité prolongée, coïncidant avec une basse température.

Il résulte de tous ces faits que ces deux plants, *Grenaches* et *Spars*, précieux il est vrai pour les coteaux, mais déjà médiocrement appréciés dans les plaines, sont encore les moins aptes à supporter les épreuves de la submersion.

Maintenant, parmi les autres plants français, quels sont ceux que l'on doit préférer? Bien que cette question ne se rattache qu'indirectement au système de la submersion, nous sera-t-il permis, en raison de son importance, de ne pas la passer sous silence. Tout le monde comprend que si l'on commet des erreurs dans le choix des cépages, lors de la création d'un vignoble, elles sont à peu près irréparables. En effet, quel est le propriétaire qui prendrait la douloureuse résolution d'arracher des vignes bien venues pour les remplacer par d'autres, comme aussi de décapiter une plantation réussie par un greffage plus ou moins incertain? Il y a donc lieu de se mettre à l'abri de tout regret superflu en procédant dès le début avec réflexion et prudence. Avant de jeter en terre le premier cep, on doit étudier et connaître la nature du terrain à planter ; on doit se demander si l'on vise à obtenir dans les produits la qualité ou la quantité ; il faut, en outre, tenir compte des maladies qui compromettent certains plants, de la précocité des uns qui les expose davantage aux gelées printanières, de la maturité tardive des autres qui les rend plus accessibles à la pourriture. Enfin, si on entreprend une plantation tant soit peu considérable, il est indispensable de ne pas employer des plants mûrissant tous à la même époque, afin d'éviter les embarras d'une récolte précipitée ou les pertes inévitables d'une trop grande maturité. Il est bon d'avoir un espacement suffisant pour manœuvrer à l'aise et sans déchet durant le cours des vendanges. On se place dans les conditions les plus favorables par le mélange et la bonne proportion de divers cépages se recommandant par des propriétés spéciales, tels que : le *Carignane*, plant très vigoureux, produisant de bonne heure un vin d'un beau rouge vif, très alcoolique, le roi des cépages, s'il n'était particulièrement sujet à l'oïdium et à l'anthracnose ; l'*Aramon*, le plant riche par excellence, à cause de l'abondance de sa fructification, mais donnant un vin faible d'alcool, mûrissant de bonne heure, exposé néanmoins à la pourriture par suite de la disposition de son bois courant ras du sol ; le *Petit-Bouschet*, de belle venue, d'une maturité précoce, donnant des fruits abondants et un vin d'une puissante coloration très recherché pour les coupages.

D'après toutes ces indications, si nous avions à créer un nouveau vignoble, voici de quelle façon nous l'établirions : Nous rejetterions, cela va sans dire, *Grenaches* et *Mourvèdres* ou *Spars* ; nous planterions 45 0/0 d'*Aramons*, 40 0/0 de *Carignane* et 15 0/0 de *Petit-Bouschet*. Nous croirions, cela faisant, avoir agi sagement, avoir contrebalancé les bonnes et les mauvaises chances et appliqué une juste péréquation des avantages et des inconvénients inhérents à cette sorte d'opération.

§ IX.

DES EFFETS DE LA SUBMERSION SUR LES TERRES SALÉES.

Il existe dans le delta de la Camargue et sur tout le littoral méditerranéen, depuis Fos jusqu'au delà de Narbonne, de vastes étendues de

terrains restées jusqu'à ce jour rebelles à la culture. Ces terrains, formés par les atterrissements
des fleuves et rivières et par les relais de la
mer, sont fortement imprégnés de sel marin ou
chlorure de sodium. Ils projettent à l'horizon
une bande nue et desséchée où ne poussent que
quelques maigres salicornes, entrecoupée d'é-
tangs et de lagunes bordés de tamaris et d'ajoncs
et ne donnant qu'un produit en pâture de mince
valeur, 5 francs par hectare au plus. En raison
de leur faible altitude et de la quantité énorme de
sel qu'ils contiennent, il n'est pas à supposer que
l'on puisse de longtemps les améliorer. Quelque
peu de gazon sur certains points où les eaux
douces ont été amenées par hasard, quelques
essais de rizières qui ont fait disparaître le sel
à la suface, et c'est tout. Remarquons toutefois
que cette dernière culture ne produit qu'une
amélioration momentanée, et que le sel ne tarde
pas à remonter lorsqu'elle a cessé de fonctionner. En ne détruisant pas la cause, les mêmes
effets reparaissent.

Sur les bords du Rhône et sur certains points
de l'île, les terrains se relèvent et atteignent
jusqu'à trois et quatre mètres au-dessus du
niveau de la mer. Là, les atterrissements ont
une épaisseur considérable qui empêche toute

ascension du sel ; là, la végétation y est superbe et justifie la réputation de fertilité que la Camargue a toujours eue.

C'est dans la zone intermédiaire confinant à celle-là et à la steppe ou *sansouïre* dont nous avons parlé, que des tentatives de dessalement ont été opérées, non sans quelque succès. Là, les terrains soumis à un assolement régulier donnent, suivant que les années sont plus ou moins pluvieuses, des récoltes plus ou moins satisfaisantes ; il paraît certain que la submersion devra y apporter une grande amélioration. Tout dépend de la nature du sous-sol ; malheureusement, la constitution de ce sous-sol, issu des crues tumultueuses du fleuve, n'est pas partout la même ; elle n'est pas formée par des couches uniformes d'alluvions, mais bien par des amas ou grumeaux, tantôt limoneux, tantôt sablonneux.

Le séjour des eaux de la mer a laissé, dans les bas-fonds colmatés plus tard, de grandes quantités de sel qui expliquent l'inégalité et la dispersion des efflorescences salines que l'on remarque à la surface des terrains. La réussite de l'opération de dessalement par la submersion tient surtout aux conditions plus ou moins favorables de perméabilité souterraine, car tout dessalement est impraticable là où la compacité du sol est extrême.

Trois moyens ont été employés pour combattre le sel dans ces terrains ; ils consistent :

1° A obtenir sa disparition par des lavages à la surface ;

2° Son évacuation par le drainage ;

3° Son refoulement à une profondeur telle qu'il ne puisse plus remonter.

Le premier moyen est celui qui est adopté de préférence dans le pays. Excellent quand il s'agit de dessaler une couche de terre peu profonde mais suffisante pour permettre aux prairies et aux céréales de prospérer, grâce à l'épaisseur des tiges herbacées, qui, en recouvrant immédiatement le sol, le met à l'abri des rayons solaires et arrête l'action de la capillarité, il devient nul pour la culture d'un arbuste comme la vigne, qui exige, pour sa plantation comme pour son entretien, une complète dénudation.

C'est l'opinion de M. Clausel de Coussergues, un viticulteur aussi intelligent que pratique de notre région, qui vient de transformer le beau domaine des Grands-Patys, dans la plaine de

Beaucaire, composé en grande partie de terrains salés, en un superbe vignoble. Aussi, nous ne résistons pas au plaisir de citer les lignes suivantes, qu'il nous a écrites récemment à ce sujet :

« J'ai essayé de trois sytèmes pour le dessalement des terres : 1° des arrosages, c'est-à-dire de recouvrir la terre d'eau, d'y laisser séjourner cette eau deux ou trois jours, puis de l'évacuer rapidement ; 2° de la submersion ; 3° du drainage, suivi d'une série d'arrosages et en laissant toute l'eau de chaque arrosage pénétrer dans la terre et sortir par la bouche des drains.

» Sur ces trois moyens, le premier ne m'a donné aucun résultat.

» 1° En arrivant ici, je l'ai trouvé en vigueur dans les environs, et au début j'ai suivi l'exemple de mes voisins ; mais j'ai vite reconnu l'inefficacité de ce procédé, et je suis convaincu que ceux qui persévéreront dans ce système n'obtiendront jamais de grands résultats. La cause de l'inefficacité des arrosages est facile à saisir. Dans les arrosages, ce sont les premières eaux qui arrivent sur le sol qui se saturent de sel ; ces premières eaux pénètrent dans la terre et s'y fixent par l'imbibition. Les eaux qui viennent

ensuite recouvrir le sol, et qui seraient les seu-
les à s'écouler à la fin de l'arrosage, ne trouvent
plus de sel à la surface du sol. Matériellement
il m'est donc impossible de comprendre comment, avec des arrosages, l'eau pourrait dessaler, dans l'acception propre du mot. Les arrosages ne peuvent qu'enfermer le sel en terre :
voilà, à mes yeux, le seul résultat qu'il y a à en
attendre ; et comme les arrosages sont de courte
durée, les eaux ne pénètrent en terre qu'à une
faible profondeur, et le sel, à la suite, remonte
rapidement à la surface.

» 2° Quant à la submersion proprement dite,
elle présente, sous certains rapports, les mêmes
inconvénients que les arrosages, c'est-à-dire
qu'elle est impuissante à entraîner le sel hors
de la terre ; toutefois, elle me paraît de nature
à donner de bons résultats, et voici pourquoi :
Par les submersions, les terres finissent par se
détremper à une grande profondeur et les eaux
entraînent ainsi le sel assez bas pour ne plus
lui permettre de remonter. Je suis donc porté
à croire, d'après mes premières expériences,
qu'avec des submersions annuelles l'on peut
refouler le sel suffisamment. Mais quant au
complet dessalement par la submersion, je n'y

crois pas jusqu'ici. Toutefois, j'ajoute qu'étant donnée la disposition de beaucoup de terres, l'on peut arriver au dessalement complet de certaines parties. En effet, il y aura dessalement complet là où l'eau, après avoir pénétré en terre, n'y séjournera pas jusqu'au moment de son évaporation et trouvera un écoulage souterrain par suintement, soit dans les fossés bordant les terres, soit dans les parties où elle sera appelée par un accident du sol. C'est ainsi que, dès mes premières submersions, l'on peut déjà remarquer une amélioration sur les bords des terres et même sur quelques points intétérieurs. Quant à assigner à la submersion la limite du temps après lequel elle deviendra sérieusement efficace, ce serait, je crois, bien téméraire. Cette efficacité se fera attendre plus ou moins longtemps, selon les terres et leur assiette plus ou moins relevée au-dessus du niveau de leur écoulement. J'estime que dans les terres très basses et en cuvette, le dessalement par la submersion est bien difficile. Pour les terres plus favorablement disposées, je suis porté à croire qu'il n'y a pas à compter sur un résultat sérieux avant trois submersions.

» 3° Le drainage est incontestablement le meil-

leur moyen de dessalement, cela se conçoit :
l'eau pénètre le sol, entraîne le sel, s'en sature
et ressort par la bouche des drains.

» Enfin, je crois devoir appeler votre attention
sur un autre mode de dessalement moins coû -
teux que le drainage et qui me paraîtrait lui
être supérieur. Il s'agirait d'ouvrir des tranchées,
comme si l'on voulait drainer, et avec la terre
de ces tranchées former de petits bourrelets : la
terre ainsi sillonnée de tranchées se trouverait
divisée en petits compartiments entourés d'autant de fossés d'écoulage; puis, on introduirait
les eaux dans ces petits compartiments : les
eaux pénétreraient en terre et filtreraient dans
les tranchées servant de fossés évacuateurs. Je
suis persuadé qu'on arriverait ainsi à un dessalement plus prompt et plus énergique qu'avec
le drainage ordinaire. »

Nous avons tenu à citer en entier, malgré
son étendue, cette communication, qui émane
d'un homme fort compétent et qui concorde
avec nos expériences et nos conclusions personnelles. Nous ne ferons que deux objections
relatives à son système de drainage à ciel
ouvert. Ce drainage exige d'abord une parfaite
uniformité de niveau des terrains pour que l'eau

tienne également dans les planches ; ensuite si, d'aventure, le sel reparaît, les tranchées étant comblées après l'opération, la voie par laquelle il peut être évacué se trouve fermée.

La submersion donne lieu quelquefois à un déplacement de sel fort curieux. Dans la même terre, d'une certaine étendue, le sel disparaît complètement sur un point fortement imprégné et apparaît sur un autre où l'on ne l'avait pas vu jusque-là. Cela tient aux conditions déjà indiquées qui ont présidé à la formation du sous-sol. Des couches souterraines de dépôts perméables jouent dans ce cas le rôle de canal conducteur des eaux saturées de sel jusqu'à la rencontre d'un sédiment compact qui en arrête la marche : là, elles s'accumulent et déterminent l'ascension du sel. Il importe alors, pour s'en débarrasser, de drainer la portion de terrain formant en quelque sorte barrage.

On rencontre souvent, dans l'opération de drainage, de sérieux obstacles provenant du défaut de pente dans les canaux de fuite. En pareil cas, il faut recourir à l'emploi de machines élévatoires. Après avoir entouré le terrain qu'il s'agit de drainer d'un fossé collecteur creusé à plus d'un mètre de profondeur et aboutissant à un réservoir encore plus profond, on met en mouvement le moteur hydraulique qui épuise les eaux de colatures et les rejette au dehors.

Nous connaissons un propriétaire, sur les bords du grand Rhône, dans la basse Camargue, qui est parvenu à dessaler des terrains très bas et sur lesquels il a réussi à planter des vignes qui sont actuellement arrivées à leur troisième feuille et sont de toute beauté.

Il a d'abord réalisé une grande économie en substituant aux drains en poterie des fagots de tout ce qu'il a trouvé sous la main : branches de tamaris, brindilles de toute espèce d'arbustes, roseaux, fougères, etc., etc. Comme il ne s'agit que d'assurer le drainage pour un temps très court, le temps de se débarrasser du sel et non pas d'assécher des terrains pendant de longues années, cette substitution a été suffisante. Il a ensuite établi un puisard pour recevoir les eaux du drainage et y a installé un moulin à vent actionnant une grande roue à tympan qui, fonctionnant sans interruption, lui a servi tout à la fois à surélever les eaux durant la période du drainage, à empêcher le retour dans les terrains drainés des eaux salées du voisinage et à maintenir le plan d'eau au niveau qu'il a jugé convenable. C'est là un excellent exemple à offrir à tous ceux qui voudraient opérer le drainage dans des sols bas et manquant d'écoulage.

Par une bizarrerie inexplicable, on remarque sur des terres très élevées des efflorescences salines par plaques disséminées çà et là, alors que sur les mêmes points le sous-sol ne recèle pas la moindre parcelle de sel. Contrairement à ce qui a lieu d'ordinaire, ici, le chlorure de sodium réside dans les couches superficielles, pour ainsi dire à fleur de terre. Le moyen de s'en débarrasser, dans ce cas, est fort simple. Quand vient le mois d'août, époque de la plus grande ascension du sel, on enlève une couche de 20 centim. de terre sur les parties susindiquées. On peut planter l'année suivante : la vigne pousse à merveille. Nous en avons fait nous-même une expérience concluante.

Bien que les arrosages pratiqués en vue du dessalement n'aient pas été reconnus très efficaces, il n'en est pas moins vrai qu'ils peuvent être très utilement employés et renouvelés en été, au moment des fortes sécheresses, pour maintenir la vigueur des jeunes vignes. Ils atténuent les effets du sel, soit que celui-ci agisse comme agent toxique dont le contact est mortel pour les racines, soit qu'il agisse comme agent hygrométrique absorbant l'humidité au détriment de la plante. Il est toutefois indispensable de prendre certaines précautions. Ainsi, il ne faut commencer l'arrosage qu'au déclin du soleil et manœuvrer de façon à ce qu'il ne reste plus le lendemain, au retour de la chaleur, une seule goutte d'eau sur les terres. Il faut aussi donner une culture, dès qu'on le peut, et ne pas attendre que le sol soit durci.

En résumé, la submersion, agissant comme auxiliaire dans les opérations de dessalement, soit qu'on lessive les terres, soit qu'on les draine, est très utile par le refoulement du sel dans les couches inférieures. Quand le sol s'y prête, elle donne des résultats incontestables. C'est encore, sous ce rapport, un nouveau service qu'elle rend à la viticulture ; de plus, elle familiarise les propriétaires de terrains salés avec le mouvement des eaux douces et peut devenir le point de départ de la transformation des vastes étendues de terrain dont nous avons parlé, qui, sans elle, pourraient rester éternellement improductives.

Voilà de nouveaux bienfaits à porter à son actif que nous sommes bien aise d'enregistrer.

§ X.

LA SUBMERSION ET LES GELÉES PRINTANIÈRES.

Nous avons démontré que la submersion, en outre de son action thérapeutique contre le Phylloxera, venait, dans certains cas, fort utilement en aide au développement et à la prospérité de la vigne.

Un des avantages importants, incontestables, de son application, que nous devons aussi mentionner, est celui qui est dû au long séjour des eaux dans les terrains plantés. D'abord, les mauvaises herbes disparaissent en grande partie, les graines qui doivent les reproduire pourrissent et ne germent plus ; ensuite, tous les insectes, tous les parasites nuisibles, tels que l'altise, le gribouri, l'attelabe, les escargots et tant d'autres, sont complètement détruits. La plante reçoit ainsi un précieux nettoyage et les bienfaits de ce que l'on pourrait appeler, avec quelque raison, un bain de propreté.

De tous ces faits patents, indéniables, il résulte ceci : c'est que non seulement la submersion est un remède souverain contre le Phylloxera, mais qu'elle est encore un bienfaisant auxiliaire pour la santé des vignes. Aussi beaucoup de viticulteurs, et nous sommes de ce nombre, continueraient, alors même que l'insecte ravageur aurait disparu, à pratiquer la submersion, en modifiant peut-être les conditions actuelles de sa durée.

Eh bien ! il est un autre avantage beaucoup plus considérable que ceux que nous venons d'énumérer, qui peut être obtenu par certaines dispositions à prendre à l'époque des submersions.

Après le Phylloxera, certainement ce que l'on a le plus à redouter dans notre région, ce sont les gelées printanières. Il n'est pas besoin de rappeler notre anxiété de chaque année et de parler de cette sorte d'épée de Damoclès suspendue sur nos têtes pendant les mois de mars et d'avril. Nos plantations en plaine en ont rendu le retour plus fréquent, et rien, jusqu'à présent, n'a été trouvé pour combattre le fléau. Nous sommes désarmés, car nous ne pensons pas que, ni les nuages artificiels ni les capuchons mécaniques ou autres, soient pratiques pour de grands vignobles.

Fort heureusement la submersion tardive va nous fournir, dans une certaine mesure, un préservatif assuré et nous servir à conjurer, au moins en partie, des désastres inévitables.

Comme nous avons fait cette année une expérience qui nous a paru décisive, nous avons tenu à en faire connaître le résultat. Chacun pourra l'essayer et en tirer profit, si toutefois notre confiance dans le succès ne nous trompe pas.

Au Grand-Clos, un compartiment de 10 hectares en aramons de cinq ans avait été tenu sous l'eau jusqu'au 15 mars. A cette date, l'évacuation commença ; elle s'effectua très promptement. Sous l'influence de quelques journées chaudes qui suivirent, les bourgeons supérieurs s'étaient épanouis, et cette partie de vignes avait l'aspect d'un champ de verdure. A ce moment, survint la gelée du 23. Tous les plants précoces des vignes contiguës et chez les voisins furent grillés, tandis que dans cette partie pas une feuille ne fut atteinte. Cette préservation privilégiée, nous n'hésitons pas à l'attribuer aux effets de la submersion. A la suite de la retraite des eaux, il s'était formé à la surface une espèce de glacis humide, mauvais conducteur de calorique, qui, en empêchant les évaporations du sol, avait annulé les condensations nocturnes et les rayonnements solaires. Cette vigne fut taillée quelques jours après, et le refoulement de sève qui suivit retardait de neuf à dix jours l'éclosion des dernières bourres, de telle sorte qu'elle avait été préservée de la gelée survenue en mars et qu'elle aurait échappé à toutes celles qui auraient pu se produire pendant la première quinzaine d'avril.

On peut donc affirmer que la submersion maintenue jusqu'au 20 mars met à l'abri de toutes les gelées de ce mois, et qu'un second arrêt de sève, venant après la taille, peut prolonger jusqu'au 15 avril l'action préservatrice.

Quoiqu'il reste au minotaure de la marge pour nous dévorer, il n'en est pas moins précieux d'échapper à ses atteintes pendant toute la période que nous venons d'indiquer. Nous devons ajouter que la végétation et la fructification de ce plantier d'aramons, malgré ces deux épreuves de submersion et de taille tardives, ont suivi leur cours normal.

Maintenant, il faut reconnaître que l'on ne peut pas soumettre à ce régime tout un vignoble : les exigences des cultures s'y opposeraient. Mais n'arriverait-on qu'à sauver les plants précoces, ne serait-ce pas assez et n'aurait-on pas réalisé un grand progrès ? D'ailleurs, on peut atténuer les inconvénients de cette nature en taillant la vigne avant la submersion, ce qui peut se faire sans aucun danger. Nous avons taillé cette même année avant la submersion, et il nous a été impossible de distinguer, dans le même clos, la partie taillée avant submersion de celle qui ne l'avait été que postérieurement, bien que les souches eussent été recouvertes pendant plus de quarante jours d'une couche de 20 à 30 centimètres d'eau.

En résumé, ce résultat, tel qu'il est, nous a paru tellement satisfaisant que nous n'hésitons pas à le recommander. Nous sommes convaincu que la submersion qui nous a préservé du Phylloxera sera encore notre Providence contre les gelées printanières.

CONCLUSIONS.

Avant de terminer ce Rapport, il nous a paru indispensable d'examiner le côté économique du système de la submersion, d'en montrer les résultats financiers qui en sont la conséquence, car il ne servirait à rien d'en avoir expliqué le mécanisme, d'en avoir fait connaître le fonctionnement pratique, s'il n'aboutissait pas à

une œuvre suffisamment rémunératrice. Ici,
nous sommes heureux de pouvoir nous appuyer
sur des chiffres officiels, authentiques, comme
bases de nos appréciations. Deux syndicats de
propriétaires submersionnistes se sont formés
dans notre région, à l'effet d'obtenir de l'État
une subvention que la loi du 2 août 1879
accorde à tous ceux qui auront recours, pour
la guérison des vignes, à l'un des moyens
adoptés par la Commission supérieure du Phylloxera. L'un comprend 37 propriétaires, sur
les territoires d'Arles, de Fontvieille et des
Saintes-Maries, avec une surface submersible
de 1,322 hectares ; l'autre réunit 43 propriétaires, sur les territoires de Beaucaire, Saint-
Gilles et Fourques, avec une contenance de
1,061 hectares. Chaque membre de ces Syndicats a dû soumettre les devis de ses dépenses,
consistant en travaux de toute nature, nivelle-
ments, bourrelets, martellières, canaux, rigoles,
pompes, machines élévatoires, etc., etc., à une
Commission instituée pour les vérifier. Ces
devis sont ensuite adressés à l'ingénieur en
chef des ponts-et-chaussées chargé de les contrôler, puis transmis au ministère de l'Agriculture, où, après un nouvel et dernier examen,
ils sont définitivement approuvés, et il ne reste

plus qu'à déterminer et fixer le chiffre de l'allo-
cation et à le répartir entre les intéressés.

Le dépouillement de ces dossiers a permis
d'établir ce que coûte, en moyenne, chaque
hectare de terrain préparé pour recevoir la
submersion.

Pour le syndicat d'Arles, la dépense moyenne
par hectare, pour frais de premier établissement, a été :

Pour les terrassements...... de Fr.   135   »
Ouvrages d'art............   79   »
Pompes et Machines.......   269   »
Divers   29   »
                                   ____
        TOTAL........ Fr.   512   »

Pour les frais annuels de submersion, elle a
été de 65 fr. par hectare.

Dans le syndicat de Beaucaire, tous les frais
de premier établissement s'élèvent à 613 fr. par
hectare et ceux de la submersion annuelle
à 60 fr.

Si on y ajoute les frais ordinaires de plantation et d'entretien jusqu'à la quatrième année,
évalués à 800 fr. par hectare, le coût de la
construction du cellier et l'acquisition des fou-
dres et matériel vinaire estimés 1,000 fr., on

aura dépensé un capital de 2,400 à 2,500 fr. par hectare. A partir de la cinquième et sixième année, le vignoble sera en plein rapport et on pourra compter sur une production normale de 100 hectolitres par hectare, 120 pour les aramons et 80 pour les autres plants. En portant le prix de l'hectolitre à 20 ou 30 fr., on pourra se faire une idée du revenu net par hectare.

Nous estimons que, défalcation faite des frais d'exploitation, des intérêts et de l'amortissement du capital engagé, il ne sera pas moindre de 1,500 à 2,000 fr. par hectare.

En posant ces chiffres, nous sommes sûr de ne rien exagérer. Si on en doutait, on n'aurait qu'à visiter les caves des nombreux propriétaires de la contrée. Nous n'en citerons qu'un seul, M. de Cassan-Florac, parce qu'il est notre voisin et parce que nous espérons qu'il nous pardonnera de le mettre en vue sans l'avoir consulté. Dans son domaine de Saint-Montaut, près Fourques, il a, cette année, retiré 80,000 fr. de sa récolte, avec 40 hectares de vignes à leur quatrième feuille.

Pourrait-on nous présenter de pareils résultats avec l'application du sulfure de carbone ou avec la plantation de vignes américaines ? C'est fort douteux. Du reste, si nous touchons à ce parallèle, c'est moins pour décourager de louables efforts tentés par d'autres moyens que pour mieux exprimer la confiance que nous avons dans le succès et l'avenir de la submersion. Cette confiance, basée sur notre propre expérience et sur ce que nous voyons autour de nous, est aussi absolue qu'est sincère et ardent notre désir de voir reconstituer le vignoble français, cette incomparable richesse de notre pays si gravement compromise.

Voilà pourquoi nous avons pris l'initiative de la fondation, en 1879, à Arles, d'une Société de Submersionnistes ; voilà pourquoi nous n'avons cessé de jeter ce cri d'encouragement aux propriétaires de terrains submersibles : Plantez ; faites l'impossible pour avoir de l'eau, et la vigne vous donnera, à vous viticulteurs privilégiés, du vin en abondance et des bénéfices à profusion.

Maintenant, il nous reste à vous remercier de la bienveillante attention que vous avez bien voulu nous accorder pendant cette aride et trop longue lecture. Nous n'en abuserons pas. Nous aurions voulu ajouter un mot sur deux questions complémentaires très importantes : l'em-

ploi des engrais pour les vignes submergées et
le meilleur système de machine élévatoire.
Nous préférons, et vous aurez moins de fatigue
et plus de profit, vous renvoyer à deux hommes
compétents, à M. Martin, de Beaucaire, viticulteur émérite, et M. Poilon, ingénieur distingué,
qui les ont traités, il y a quelque temps, devant
la Société des Submersionnistes du Sud-Est.

Si vous le désirez, nous pourrons annexer
leurs excellents travaux à la suite de ce Rapport,
ce qui vous permettra de lire à loisir, sur ces
questions spéciales, une dissertation aussi inté-
ressante qu'instructive.

DE L'APPLICATION DES ENGRAIS AUX VIGNES

ET SPÉCIALEMENT AUX VIGNES SUBMERGÉES

C'est à la bienveillante indulgence de mes Collègues que je dois l'honneur de venir traiter aujourd'hui devant vous une des questions qui nous intéressent le plus : celle de l'application des engrais aux vignes.

Si j'ai accepté cette mission, c'est uniquement pour répondre au témoignage de confiance que vous m'avez accordé, persuadé d'avance que la plupart d'entre vous auraient rempli ce mandat avec plus d'autorité et de compétence que je ne saurais le faire moi-même.

Je vais donc essayer de m'acquitter de mon mieux de la tâche qui m'a été confiée.

Doit-on fumer les vignes, et spécialement les vignes submergées ?

Quel engrais doit-on employer ?

Telles sont les deux questions que nous allons examiner ensemble.

Nous croyons que la culture de la vigne, quel

qu'en soit le mode, soit dans les terrains cail-
louteux ou de garrigues, soit dans les sables ou
les alluvions soumises ou non à la submersion,
ne peut se faire sans engrais, au point de vue
particulier de la production, car la vigne peut
avoir une végétation luxuriante dans certains
terrains, sans pour cela porter beaucoup de
fruits.

De tout temps, il y a eu des partisans de la
culture des vignes sans engrais ou avec très
peu d'engrais. Les agriculteurs qui soutenaient
cette théorie prétendaient que le végétal trouvait, dans le milieu où il était placé et à la faveur
de cultures soignées et répétées, les conditions
nécessaires à sa végétation et à sa fructification. L'expérience a cependant démontré que
la richesse du produit est en rapport direct avec
l'engrais apporté, sans toutefois qu'elle dépende
absolument de la quantité, mais bien plutôt du
choix d'un engrais bien approprié aux besoins
de la plante, suivant la nature du sol. Personne
n'ignore, en effet, les magnifiques produits
obtenus par l'emploi d'engrais à haute dose,
pendant de longues années, dans les départe-
ments méditerranéens, et notamment l'Aude,
l'Hérault et le Gard, avant l'invasion phylloxé-
rique.

Il convient, avant de faire le choix d'un engrais, de connaître d'une manière certaine la constitution physique du sol et la nature des éléments qui le composent. Cette connaissance une fois acquise, il n'y a plus de difficulté pour le choix d'un engrais : il doit apporter au sol les éléments qui lui manquent ou qui s'y trouvent en trop minime quantité.

En outre, cet engrais doit éprouver des modifications successives, variant avec l'âge de la vigne jusqu'à l'époque où elle entre en pleine production.

Mais abordons de suite la question spéciale aux vignes submergées. Nous sommes de ceux qui croient à la nécessité absolue de l'apport annuel d'engrais sur les vignobles soumis à ce procédé.

Notre conviction résulte des nombreuses observations faites à ce sujet, et, sans entrer dans leur énumération, nous nous contenterons de citer le beau vignoble de M. Faucon et les renseignements que cet habile viticulteur nous fournissait lui-même dans notre première réunion, le 14 décembre 1879 [1].

Pour tous ceux qui ont suivi avec attention

[1] Voir le Bulletin n° 1.

la végétation des vignes submergées et fumées
avec des engrais appropriés, il est un fait sail-
lant : c'est le développement exceptionnel de
leur bois et de leurs feuilles, et aussi l'accrois-
sement très-sensible de leur production.

Nous comprenons toutefois que, dans certaines circonstances particulières dépendant du
sol et de l'eau, les vignes puissent sans engrais
donner, dans une période plus ou moins prolongée, de bons produits et avoir une belle
végétation. On en trouve un exemple dans les
vignes submergées au moyen des eaux du
Vidourle, qui contiennent des éléments de fertilité
dus aux nombreux détritus des matières anima-
les qu'elles reçoivent des tanneries et lavage
de laine de Saint-Hippolyte, Sauve, Som-
mières, etc., etc. ; mais il nous semble toutefois
que cet apport n'est pas suffisant pour entretenir indéfiniment la fertilité de ces sols.

Au point de vue des intérêts de l'agricul-
teur, il importe que cette insuffisance soit dans
l'ordre des choses possibles pour qu'une sage
économie lui conseille l'emploi d'engrais, mo-
déré si l'on veut, mais indispensable, afin d'é-
viter un arrêt dans la production, avec épuise-
ment du sol, trop long et trop difficile à réparer.

Du reste, nous croyons que, de ce cas particulier, il ne faut pas en déduire que l'on peut souvent diminuer les fumures, mais que, bien au contraire, il est nécessaire d'entretenir largement et annuellement la richesse du sol.

Après ces quelques observations, nous devons maintenant examiner quelle doit être la composition des engrais applicables aux vignes submergées.

On ne peut, à ce sujet, donner de formule générale, car, ainsi que nous l'avons dit plus haut, l'engrais doit être approprié à la nature du sol et le compléter. Tel propriétaire obtiendra de beaux résultats par l'emploi d'engrais à dose dominante de potasse, tandis que tel autre se trouvera mieux d'engrais richement phosphatés. Mais ce que l'on peut établir en principe, c'est la nécessité de l'azote et des matières carbonées. Il ne faut jamais perdre de vue que l'engrais par excellence, pour fonder et entretenir la fertilité du sol, est le fumier de ferme ; que s'en rapprocher, dans la fabrication des engrais commerciaux, est le but que l'on doit poursuivre, afin d'apporter aux terres de notre pays l'*humus* qui généralement leur fait défaut ; on y réussit en faisant entrer dans la composition de ses engrais des matières d'origine organique, telles que tourteaux, débris de filatures, et tous les résidus provenant des usines où sont traités les produits animaux.

En outre, remarquons ici qu'une des propriétés les plus précieuses de l'humus est de retenir, au profit des végétaux, l'humidité que les vents et la haute température de notre région enlèvent si rapidement à nos terrains.

D'ailleurs, en reconnaissant la valeur particulière du fumier de ferme, nous sommes loin de nier les avantages que l'on peut retirer des engrais commerciaux au point de vue spécial de la fructification ; nous l'affirmons, au contraire. En effet, le fumier de ferme manque essentiellement d'acide phosphorique et de potasse, en tant que quantité exigée pour la vigne ; c'est donc aux engrais fabriqués que l'on doit recourir pour son complément ou son remplacement.

Nous proposons, en conséquence, de composer pour les vignes soumises à la submersion des engrais comme suit :

POUR 1 HECTARE.

Dans les sols non potassiques.

Azote.......................... 30 à 40 kil.
Acide phosphorique assimilable, cor-

respondant à 200 ou 240 kil. de
superphosphate de chaux, suivant
sa richesse...................... 30 à 35 kil.
Potasse, correspondant à 320 ou 358
kil. de chlorure de potassium..... 130 à 140 kil.

Dans les sols potassiques.

Azote............................ 30 à 40 kil.
Acide phosphorique assimilable.... 30 à 35 kil.
Potasse (considérée ici comme corps
entraînant)...................... 20 à »» kil.

Pour les jeunes plantations, c'est l'azote qui doit dominer, avec une légère quantité d'acide phosphorique et de potasse.

Inutile d'ajouter que chacun peut et doit, suivant les conditions particulières du milieu où il se trouve, modifier dans un sens ou dans l'autre la composition de ces engrais, auxquels de nombreuses cultures doivent toujours servir d'adjuvants.

Si les quelques observations que nous venons de fournir peuvent être utiles à nos confrères en submersion et à ceux qui la pratiquent en dehors de notre Société, nous nous estimerons des plus heureux.

Beaucaire, le 15 mars 1881.

A. MARTIN,
Propriétaire du domaine de Barjac.

COMMUNICATION

A la Société des Viticulteurs submersionnistes du Sud-Est sur l'application des Pompes et Machines élévatoires à la submersion des Vignes.

Dès la première assemblée de notre Société, les associés, se lançant résolument à la poursuite du but utile qui les avait réunis, se demandèrent quel pourrait être le meilleur des appareils élévatoires dont pourraient faire usage les submersionnistes qui ne pouvaient aisément, et à l'aide d'un simple aménagement, dériver de sources ou de rivières les eaux nécessaires au traitement de leurs vignobles.

A cette question, qui ne fut du reste que rapidement traitée, il ne m'a pas paru qu'il eût été donné jusqu'ici de solution bien nette ; aussi ai-je demandé à MM. du Bureau la permission de vous exposer aujourd'hui les principes à l'aide desquels il me paraît qu'on pourrait résoudre ce problème, dont l'étude s'impose à vos préoccupations.

Ce sujet du mérite des différentes machines
élévatoires est bien vaste, et il peut être étudié
à bien des points de vue différents.

On peut en effet l'envisager au point de vue
de l'étude critique des divers systèmes mis en
œuvre, et faire le procès technique de leurs
conditions d'installation, de leurs avantages et
de leurs inconvénients respectifs. Il est alors
impossible de désigner ces systèmes autrement
que par les noms des personnes qui les ont in-
ventés, ou de celles qui les construisent, ou encore de celles qui les vendent. Or, cette manière de traiter la question ne manquerait point
de soulever des discussions, que j'éviterai en
vous parlant des appareils de submersion au
point de vue plus général et plus élevé que
celui de l'étude d'un ou de plusieurs systèmes
particuliers de pompes.

Il y a en effet tout lieu de remarquer que
les idées générales ayant cours sur la matière
qui nous occupe ont grand besoin d'être recti-
fiées ou complétées. Quand les idées générales
sont bonnes, des conséquences pratiques avan-
tageuses en découlent d'elles-mêmes, et ce
n'est pas le moindre service que notre Société
rendrait de propager sur les machines élévatoires des données plus justes que celles qui ont

ordinairement cours, même parmi les personnes qui s'en servent.

Pour ne citer qu'un exemple :

Dans les distributions d'eau des grandes villes, on arrive à élever l'eau à raison d'un kilogr. de charbon dépensé par heure et par cheval mesuré en eau montée. — C'est-à-dire que, si l'on élève réellement par seconde un poids d'eau P à une hauteur totale H, on ne consomme par heure qu'un nombre de kilogr. de charbon égal à $\dfrac{P.\,H}{75}$. Cela est dû à l'emploi de chaudières économiques et puissantes desservant des machines parfaitement étudiées, dans lesquelles on s'est ingénié à supprimer toutes les causes de pertes. — Ces machines actionnent elles-mêmes des pompes d'un rendement ou effet utile très élevé (75, 80, 85 °/₀); et, *grâce à cette organisation*, une compagnie concessionnaire peut réaliser de beaux bénéfices tout en délivrant à ses abonnés de l'eau à bon marché.

La plupart des propriétaires viticulteurs dépensent, non pas un kilogr. de charbon par heure et par cheval mesuré en eau montée, mais 10, 12, 15 kilogr.; et cela se comprend, puisque d'abord les petits appareils consomment nécessairement beaucoup plus que les grands, et qu'ensuite on conçoit difficilement un ensemble mécanique moins économique de consommation qu'une locomobile actionnant une pompe centrifuge.

La chaudière de la locomobile ne produit souvent qu'une combustion incomplète, à cause des mauvaises dispositions de son foyer. Elle laisse échapper les gaz à une température très élevée, parce qu'elle ne peut être entourée de maçonneries ni de corneaux.

La machine est généralement sans condensation ni détente. — La pompe rend 40 à 50 %, du travail moteur qu'on lui fournit. — Vous voyez d'ici le résultat d'un tel groupement d'appareils.

Et, ce que je ne comprends pas, c'est que les personnes qui emploient de tels matériels, et qui devraient donc les connaître, se récrient contre le rendement inférieur des transmissions de mouvement électrique, quand on vient leur dire que ces transmissions rendent, à une distance de plusieurs kilomètres, 50 % du travail moteur appliqué à leur point de départ ! — Mais on devrait trouver cela admirable ! — N'insistons point.

Pour remédier à cet état de choses regrettable, il faudrait nécessairement procéder à une organisation rationnelle et permanente d'expérimentations et d'études techniques.

Les Concours régionaux, me dira-t-on peut-être, paraissent combler la lacune que nous signalons. Je ne pense pas cependant qu'il puisse venir à l'esprit de personne, dans cette assemblée, que les Concours régionaux ou les Expositions remplacent, à un degré quelconque, une telle organisation, ni éclairent, jusqu'à un certain point, le public sur les mérites respéctifs des appareils. Chacun sait en effet comment se passent ces sortes de solennités, dans lesquelles il n'existe ni programme étudié et porté à l'avance à la connaissance des concurrents, ni expériences sérieuses, et où chacun expose ce qui lui plaît sous son seul contrôle effectif, comme sous sa seule responsabilité. — Les jurys, affairés et circonvenus, n'ont le temps de rien examiner, et les récompenses sont distribuées au petit bonheur. Tout le monde sait cela ; et s'il restait sur ces points le moindre doute, il suffirait de se reporter aux résultats du Concours de Nimes 1881, lequel, au point de vue des appareils de submersion et d'irrigation, a fourni un spécimen des mieux réussis de ce que pouvaient donner ces pseudo-expériences [1].

— C'est précisément pour couper court à ces abus, dont tout le monde se plaignait avec raison, que le ministère de l'Agriculture a, cette année, supprimé, dans les Concours régionaux, presque tous les concours spéciaux d'instruments, sauf à reporter ceux-ci à une époque plus favorable et à y consacrer le temps et les ressources nécessaires. — Mais, passons. Que devraient faire les propriétaires pour être réellement fixés sur le compte des machines et appareils que l'on vient leur offrir?

Dame, c'est bien simple! Ils devraient les soumettre à des *expériences concluantes :* et, par *expériences concluantes,* nous entendons des *constatations pratiques* et non des opérations savantes, ni des calculs hérissés de ces formules qui *épatent les populations,* comme disent nos écrivains des nouvelles couches, et dans lesquels s'embrouillent quelquefois leurs propres auteurs. — Ces constatations seraient d'autant plus nécessaires que ce n'est qu'exceptionnellement que les propriétaires peuvent s'en rapporter aveuglément aux affirmations de celui qui

[1] Voir l'analyse de ces résultats dans le journal de Nîmes, le *Midi viticole,* du 26 novembre 1881.

leur vend leurs machines ; d'ailleurs, dans toute
affaire, le vendeur sérieux ne demande pas
mieux que l'acheteur se rende un compte exact
de ce qu'il fait en choisissant ceci ou cela.

Les vendeurs eux-mêmes ont, du reste, souvent besoin d'être éclairés ; et s'ils exagèrent
dans leurs réclames (ou même dans leurs mar-
chés, ce qui est plus grave), les qualités et résultats de leurs machines, c'est souvent de
bonne foi et par pure ignorance, car beaucoup
de marchands de machines manquent d'instruc-
tion et ne connaissent de la mécanique que bien
peu de chose. — Ils n'en risquent pas moins
d'être cruellement maltraités si un client, plus
rigoureux que les autres, exige strictement ce
qu'ils lui ont garanti et que leur fourniture soit
vérifiée par des experts. Bref, tout le monde
(acheteurs et vendeurs) aurait un véritable intérêt à ce que, sur le chapitre des pompes et
des machines élévatoires, la lumière se fît.

Comment notre Société pourrait-elle faire la
lumière ? En organisant une Commission technique permanente qui examinerait tous les systèmes qui lui seraient proposés et qui les soumettrait à des constatations et expériences dont je
vais formuler le programme dans un instant.

Chaque année, un rapport ou compte-rendu de toutes ces constatations pratiques paraîtrait dans notre *Bulletin* ; et, répétons-le une dernière fois, cela profiterait à tous les gens sérieux, tant vendeurs qu'acheteurs, les affaires n'étant véritablement bonnes qu'à la condition de l'être pour tous les contractants.

Donc, existe-t-il une méthode simple et pratique qui permette d'apprécier les avantages et les inconvénients réels des machines élévatoires employées en submersion et irrigation ? Je prétends que oui, ou, tout au moins, je dis que, si l'appréciation n'est pas toujours commode pour un simple particulier, elle est facile pour notre Société. Et voici ce que l'on devrait faire.

D'abord, dans toute installation d'élévation d'eau, il y a deux choses à considérer : — 1° le moteur ; — 2° l'appareil élévatoire proprement dit, et bien que le moteur et l'appareil élévatoire soient appelés à fonctionner ensemble ; cependant, comme le système et les qualités de l'un n'ont aucune connexité obligatoire avec le système et les qualités de l'autre, il a y lieu de scinder nettement les études et les expérimentations s'y appliquant. — Faites donc des concours et expériences de moteurs, et des concours et expériences d'appareils élévatoires ; mais

n'allez pas, sous prétexte qu'un même fournis-
seur livre souvent les deux objets, amalgamer
ensemble ces deux ordres d'opérations. — Sans
cela, vous ne ferez rien de bon et n'obtiendrez
pas de conclusions méthodiques,

Parlons des essais de moteurs d'abord.

Le rôle d'un bon moteur, c'est de fournir par
seconde, sur son arbre principal, le plus grand
nombre possible de kilogrammètres ou unités
de travail, avec la moindre dépense possible de
force musculaire, de charbon, d'eau ou d'énergie
électrique, suivant que ce moteur est actionné
par un être vivant, par une source de chaleur,
par une chute d'eau, ou par une source d'électricité.

Le kilogrammètre est la quantité de travail
nécessaire pour élever un poids de 1 kilogr. à
1 mètre de hauteur ; et le cheval-vapeur vaut
75 kilogrammètres.

Le *rendement* du moteur est *non pas* le nombre de kilogrammètres qu'il met sur son axe
principal à la disposition de son propriétaire,
mais bien le *rapport* entre ce nombre de kilogrammètres et celui que donne réellement la
source de travail (cheval attelé ou manège,
chaudière à vapeur, produit P. H du poids d'eau

par la hauteur de chute, ou source d'électricité.

Plus l'appareil est parfait, et plus le rendement s'approche de l'*unité* ou de *cent pour cent*.

Lorsque l'on veut se rendre compte des services d'un moteur au point de vue pratique et industriel ou agricole, on a à tenir compte de divers éléments, mais on peut tout ramener aux considérations suivantes :

(*a*) Les dépenses d'entretien et de réparations. — L'absence de chômage et de dérangements.

(*b*) Le rendement et la consommation journalière de charbon ou d'eau, d'huile, de force musculaire, etc. ; — d'où dérive la dépense journalière de service.

(*c*) Le prix d'acquisition, d'où dérive l'amortissement du capital engagé.

Le meilleur moteur à choisir pour un propriétaire est évidemment celui qui lui donne le plus de satisfaction à ces trois points de vue, classés par ordre d'importance générale ; et, suivant les cas particuliers et les circonstances locales, telle considération devra céder le pas à telle autre.

Arrêtons-nous un peu à chacun de ces points (*a*) (*b*) (*c*).

(*a*) La machine qui exigerait des dépenses d'entretien ou de réparations extrêmement fréquentes et coûteuses, ou qui se dérangerait à chaque instant et qui laisserait donc *en plan* le travail pour lequel on aurait compté sur elle , cette machine, dis-je, ne vaudrait absolument rien, eût-elle un rendement très élevé et une consommation de charbon très réduite, et coûtât-elle extrêmement bon marché d'acquisition.

La première de toutes les nécessités en effet, dans une exploitation industrielle ou agricole, c'est d'avoir la sécurité du travail, la certitude que la tâche voulue sera accomplie ; et il serait absurde de mettre des mécanismes délicats entre les mains de gens inexpérimentés et inhabiles à les conduire. — A cet égard, les meilleures garanties résident dans la simplicité et la rusticité de la construction, dans la bonne exécution des détails, dans les proportions robustes. Mais, de même qu'un acheteur inexpérimenté sera la dupe des maquignons s'il veut acheter des chevaux sans y rien connaître ; de même, s'il s'agit d'étudier ces qualités générales, un propriétaire ne peut acheter un moteur que *de confiance*, en s'en rapportant à un constructeur d'une honorabilité et d'une compétence éprouvées, ou en se faisant assister des conseils d'un ingénieur.

En dehors d'une expérience qui ne vient que trop tard, un homme du métier peut seul en effet juger de la bonne construction d'un moteur, de ses bonnes proportions et de la durée probable de ses bons services, et l'expérience peut seule fixer le propriétaire sur le coût réel des réparations et de l'entretien, lesquels varient suivant que le chauffeur est plus ou moins soigneux.

(*b*). — Rendement ; consommation journalière de charbon ou d'eau, d'huile, de force musculaire électrique, etc., par cheval fourni.

— Ici encore, l'ingénieur ou l'homme du métier pourra *à priori* et par la seule inspection des appareils, se faire une idée suffisamment approchée de leurs résultats probables. Toutefois, il sera bien préférable de recourir à l'expérimentation directe ; et ce serait une erreur de croire que, pour arriver à des conclusions *pratiques* (sinon d'une précision et d'une rigueur scientifiques), cette expérimentation présente d'insurmontables difficultés. Voici en effet comment l'on pourra procéder.

D'abord, toutes les fois que l'on veut arriver

à des chiffres vrais et écarter les causes d'erreur, il faut se placer dans les *conditions mêmes de la pratique.* — Il ne faut donc pas de combustible de qualité extra, ni s'entourer de précautions que l'on ne puisse pas prendre tous les jours. Il faut, au contraire, marcher dans ses conditions ordinaires, et il faut que l'expérience ait une durée suffisante pour que les erreurs commises dans les observations soient sans importance relative. Il faut prendre, par exemple, une journée ou une demi-journée.

Pour fixer des idées, choisissons le cas le plus compliqué : celui où il s'agirait de juger, au point de vue pratique, la consommation et l'effet utile d'une locomobile que vous venez de louer ou d'acheter, en la considérant et l'analysant d'ailleurs *dans l'état où elle se trouve.*— Quels sont les éléments intéressants à relever pour cela et qui se contrôlent les uns par les autres ?

Il y a : (1°) la consommation de charbon en dix heures, par exemple, pour produire une puissance déterminée ; — (2°) la quantité de vapeur produite par la combustion de cette quantité de charbon sur la grille, et dévorée par la machine ; (3°) la mesure du travail effectif développé par celle-ci.

Eh bien ! une locomobile étant donnée, il est facile de remplir sa chaudière d'eau jusqu'au niveau normal, et de la *mettre en pression*, c'est-à-dire de chauffer jusqu'à ce que la pression dans la chaudière atteigne la limite de 4, 5, 6 atmosphères, pour laquelle la chaudière a été timbrée. — Supposez qu'à ce moment vous vous assuriez que la grille est chargée d'une couche mince et uniforme de combustible en ignition, que vous repériez le niveau exact de l'eau et qu'à ce moment précis commence votre journée d'expériences.

Vous aurez peu de chances d'erreurs importantes ; et, vous arrangeant pour finir la journée sensiblement, avec la même pression à la chaudière avec le foyer chargé comme le matin et la chaudière étant remplie jusqu'au même niveau, vous n'aurez eu en somme qu'à peser le charbon employé depuis le matin et à prendre l'eau d'alimentation dans un récipient jaugé pour avoir tous les éléments de réponse au (1°) et au (2°). De même, on aura pu mesurer l'huile employée au graissage, si l'on veut considérer cet élément.

Et les chiffres ainsi obtenus seront les chiffres *pratiques* et non pas des nombres de fantaisie, comme on en obtient en pesant à part les

cendres, en employant des combustibles excep-
tionnels, des chauffeurs artistes, et même des
machines spécialement construites pour les
Expositions, que l'on ne vend jamais à personne
et dans lesquelles on fait intervenir des tubes
supplémentaires et de chauffe ou autres ficelles
de concours.

Il ne faut pas, avec les locomobiles, s'attendre à des résultats prodigieux d'économie,
puisque les chaudières de ces machines ne peuvent être engagées dans des carneaux où la
fumée abandonne tout son calorique, puisque
les machines sont à faible détente et généralement sans condensation, et puisque le maximum
d'économie de combustible n'a ici qu'une importance restreinte, eu égard à la facilité de
transport et d'installation recherchée.

Mais enfin, vous saurez encore sans trop de
peine ce que vous consommez réellement, en
suivant la marche terre à terre que je viens
d'indiquer.

La mesure du travail effectif développé (autrement dit le 3° que nous avons considéré)
s'effectue généralement à l'aide du frein de
Prony, et pour les ingénieurs eux-mêmes le
frein n'est pas toujours un instrument bien
commode à employer ni bien précis. — Mais

on peut pratiquement remplacer le frein avec
avantage par une machine électrique absorbant à un nombre de tours déterminé un travail parfaitement uniforme et exactement connu
(telle par exemple qu'une machine Gramme
d'une puissance donnée). On sait alors que pendant la journée d'expériences, la machine a
développé un travail de chevaux ; et pour peu
qu'il y ait eu des variations sensibles dans ce
travail, elles peuvent être considérées comme
proportionnelles aux écarts de vitesse qu'accu-
sent des compteurs de tours fixés comme moyen
de contrôle, tant à la machine motrice qu'à la
machine mue.

Ce procédé de mesure a sur le frein de Prony
l'avantage de donner lieu à beaucoup moins
d'incertitudes, de tâtonnements et de surveillance, et de comporter les durées d'expérimentation bien plus grandes, sans exiger des excès
d'attention dépassant les forces humaines.

Voilà tout ce que nous pouvons dire ici des
essais des moteurs : car enfin nous ne pouvons,
en quelques pages, faire un traité des machines
à vapeur et de leurs chaudières et, par extension, des moteurs hydrauliques et électriques.

Nous sautons à pieds joints sur le prix d'acquisition des moteurs, lesquels sont bon marché

lorsqu'ils sont bons et économiques, et toujours trop chers lorsqu'ils sont défectueux. On en a pour son argent ; et ce n'est pas l'amortissement d'un bon achat qui grèvera jamais le budget d'une exploitation bien administrée.

En ce qui concerne l'appareil élévatoire proprement dit, ou la pompe, son examen doit porter sur les éléments suivants :

(*a*). — Rusticité de l'appareil, réduction des frais d'entretien et de réparations, absence de chômages et d'arrêts et durée des bons services rendus. Sur ce point, nous ne pouvons que répéter ce que nous avons dit plus haut au sujet des moteurs.

(*b*). — Rendement ou effet utile. — Ici, nous aurons à entrer dans quelques développements.

(*c*). — Coût d'acquisition. — Il n'y a qu'une seule manière sérieuse de le considérer : c'est de le rapporter au rendement ou au résultat *effectif* obtenu.

Parlons donc du rendement ou effet utile. Voilà encore une notion bien nécessaire et qui pourtant est également bien mal comprise.

Pour la bien comprendre, il faut se reporter aux définitions fondamentales.

Le *débit* d'une pompe ou d'un appareil élé-vatoire, c'est le nombre de litres d'eau qu'il dégorge par unité de temps ou par seconde. — Le *travail utile* de l'appareil, c'est le produit du *débit* par la *hauteur* à laquelle il est élevé, c'est-à-dire par la différence de niveau entre la nappe d'eau d'aspiration et le sommet du tuyau de refoulement. Le *rendement* de l'appareil, *c'est le rapport entre* le travail utile et le nombre de kilogrammètres ou d'unité de travail qu'il faut fournir par seconde à son axe moteur principal ; c'est-à-dire que si, par exemple, le rendement d'une pompe est seulement de 50 %, cela veut dire qu'il faut lui appliquer une force motrice *double* de celle qui serait théoriquement nécessaire pour effectuer le travail voulu.

On parle quelquefois du *rendement en volume.* C'est le rapport entre le volume d'eau réellement élevé par l'appareil et le volume théorique ou décrit par le piston. — Mais c'est là un point secondaire, puisque c'est en réalité le travail développé qui se chiffre par des dépenses de vapeur et charbon. — Si l'on avait 100 % de rendement en volume, il pourrait arriver néan-moins que les frottements ou autres résistances du même genre absorbassent 30, 40, ou 50 % du travail développé ou même davantage, et l'on n'en serait guère plus avancé qu'avec un rendement en volume beaucoup moins satisfaisant. — C'est là un petit côté du problème.

Le rendement en travail d'une pompe ou d'un appareil élévatoire est donc l'un des points les plus importants dont on ait à se préoccuper dans l'examen comparatif des systèmes. Comment l'apprécier ? Par des expériences bien organisées, absolument comme pour les moteurs.

Nous ne pouvons nous arrêter ici aux détails des méthodes d'expérimentation, de jaugeage, etc., car cela nous entraînerait à des considérations techniques qui ne seraient pas ici à leur place ; c'est à étudier et à résoudre dans chaque cas par l'ingénieur chargé des expériences.

Mais quelles devaient être les dispositions générales des Concours des pompes ? C'est ce qui me reste à tracer brièvement.

D'abord, chaque Concours devrait avoir un programme *précis*, *limité* et parfaitement défini, pour répondre le mieux possible aux exigences pratiques des cas particuliers qu'il viserait. Les exposants, ayant connaissance longtemps à l'avance des conditions de ce programme, seraient tenus de s'y conformer, et les puissances des appareils concurrents seraient *identiques*, aussi bien que leurs conditions d'emploi. Des appareils très différents de puissance ne sont pas comparables entre eux, et une machine à vapeur de quatre chevaux ne saurait consommer aussi peu de charbon par cheval et par heure qu'une machine de cent chevaux du même système. De même, une pompe aspirant de l'eau à 8 mètres et la refoulant à 30 mètres ne sera pas comparable à une autre pompe marchant avec une aspiration nulle et répandant à 2 mètres de hauteur une large nappe d'eau rouge, bleue ou verte. Donc, *identité* de puissance et *identité* de conditions d'emploi. Je dirai même plus : c'est que, dans un concours sérieux de pompes, des pompes concurrentes devraient être successivement essayées avec le *même moteur*, pour se débarrasser de toutes les causes d'erreurs.

Autre point important : le jury de chaque Concours serait composé d'ingénieurs et de spécialistes, et soumettrait successivement chacun des appareils exposés à une série d'expériences prévues au programme et *étudiées pour* fournir des chiffres précis et indiscutables, car il y a des expériences qui n'apprennent rien d'utile à connaître. La durée de chaque expérience serait assez grande pour annihiler autant que possible l'influence de toutes les incertitudes d'observations.

Le jury veillerait à ce que l'appareil ou les appareils exposés par chaque concurrent fussent bien des machines *de sa fabrication courante*, c'est-à-dire des machines commerciales et non pas des instruments étudiés pour figurer seulement aux Expositions, *en dehors* des conditions de la pratique.

Notre Société supporterait les frais de ces expériences et les frais d'installation, et les jurés seraient rémunérés comme le sont les experts dans les expertises judiciaires. Les résultats de tous les Concours et Rapports des jurys seraient relatés dans une publication spéciale publiée par notre Société, vendue à son profit.

La Commission permanente dont j'ai proposé la création plus haut s'occuperait non seulement de rédiger cette publication, mais d'élaborer les programmes des Concours ultérieurs, et d'accueillir et étudier toute communication appelant son attention sur des sujets intéressants à introduire dans le cadre de ses travaux, suivant les nécessités du moment.

Je ne puis naturellement, dans l'exposé de ce programme, esquisser que les grandes lignes ;

mais les détails seraient facilement résolus ; et il saute aux yeux de tout le monde que des Concours organisés dans cet esprit fourniraient de tout autres conclusions et un tout autre ensemble de documents que les exhibitions auxquelles le public sérieux n'a jamais pu s'habituer, avec leurs médailles aussi éphémères que les banderolles qui décorent leurs mâts de cocagne.

On dépenserait de l'argent comme maintenant, on en dépenserait même davantage ; mais au moins il en resterait quelque chose, et chaque Concours serait un véritable enseignement, au lieu d'être à peu près le contraire.

N'est-ce pas dans cet esprit que procèdent les sociétés industrielles de Mulhouse, de Rouen, du nord de la France et d'autres régions manufacturières ? Et ce qui se fait pour les besoins assez restreints de l'industrie ne pourrait-il se faire pour les immenses applications de la viticulture ?

Mais, pour compléter ces indications sommaires, répondons par avance à quelques objections que l'on pourra formuler.

1° On dira qu'un Concours aussi limité et spécialisé que nous le proposons ne fera aucun

effet et n'attirera que peu ou point de visiteurs.
A cela nous répondrons :

(*a*) Que lorsque l'importance du Concours
proprement dit sera trop restreinte pour qu'on
s'en contente, rien n'empêchera d'organiser *à
côté* une foire aux machines, comme l'Exposition
annuelle de février à Paris, au Palais de l'Industrie, si l'on tient à ce que ce Concours *fasse
ses frais*.

(*b*) Que l'exposant de machines ou d'instruments aime mieux la visite de deux industriels
acheteurs que celle de cinq cents badauds, bien
que ceux-ci fassent infiniment plus d'effet sur
les lieux, et qu'il ne s'agit pas de réjouissances
publiques mais d'enseignements utiles à obtenir.

(*c*) Qu'après s'être tenus à l'écart des Concours jusqu'à présent, à cause du caractère peu
concluant de leurs résultats, beaucoup de con-
structeurs viendront se mettre à nos ordres s'ils
voient que *c'est sérieux*.

2° On dira qu'il y a là toute une organisation
nouvelle à créer, tout un ensemble de traditions
et d'usages à réformer, et qu'il faut en outre un
nouveau budget spécial.

C'est vrai, et c'est là évidemment que gît la

seule difficulté de mettre la chose en pratique. Mais notre Société n'est-elle pas une Association progressive et libérale entre toutes ? et le seul fait de sa constitution par des initiatives privées n'indique-t-il pas que vous avez su ne pas attendre, comme tant d'autres, le concours et l'appui officiels de l'État avant d'entreprendre résoluement la lutte ? Que seraient d'ailleurs les frais afférents à l'organisation des expériences en question ? Rien ou peu de chose, étant donné que les moteurs seraient faciles à trouver en location chez les membres de la Société elle-même. Et ces expériences rendraient de très grands services, non-seulement à vous-mêmes et à toute la région, mais à toute la viticulture du Bordelais, où, malgré plusieurs Congrès et Expositions, on ne paraît guère en train d'élu-cider ce problème des meilleures machines élé-vatoires.

Espérons d'ailleurs que l'Exposition de la Société philomathique de Bordeaux, organisée cette année sous l'habile et énergique impulsion de l'ingénieur Coutanceau, entrera résolument dans une voie qui devait être battue, mais qui est en réalité nouvelle : celle qui conduirait à faire de vraies expériences.

L. POILLON,
Ingénieur des Arts et Manufactures.

TABLE DES MATIÈRES.

SOCIÉTÉ AGRICOLE DES ENGRAIS CHIMIQUES DU MIDI. --- L. MICOULIN & Cie

PRIX-COURANT DES ENGRAIS CHIMIQUES

DÉSIGNATION des ENGRAIS	EMPLOI	COMPOSITION			DOSAGE à L'HECTARE (10,000 kil.)	PRIX des 100 kil. en sacs
		AZOTE	POTASSE	PHOSPHATE soluble et assimilable		FR.
ENGRAIS COMPLET No 1	Céréales, chanvre, pommes de terre, betteraves, gazon, prairies naturelles, carottes et autres racines.	6 0/0	10 0/0	23 0/0	500 à 800 k.	31 »
ENGRAIS COMPLET No 2	Vignes (principalement), oliviers, orangers, arbres fruitiers, arbustes d'agrément, etc	4 0/0	14 0/0	26 0/0	700 à 1000 k.	33 »
ENGRAIS INCOMPLET No 3	Légumineuses, trèfle, prairies artificielles, sainfoin, luzernes, féveroles, etc.	1.3 0/0	13 0/0	28 0/0	500 à 800 k.	26 »
ENGRAIS INCOMPLET No 4	Vignes (surtout en terres riches), prairies artificielles, trèfles, tabac, sainfoin, luzerne, pommes de terre, etc., etc.	—	14 0/0	28 0/0	800 à 1000 k.	22 »
GUANO CHIMIQUE	Céréales, garance, lin, prairies naturelles, luzerne, pommes de terre, trèfles, betteraves, sainfoin, jardinage, chanvre, etc., etc., etc.	4 0/0	—	30 à 35 0/0	400 à 900 k.	28 50

PRIX-COURANT DES

	les 100 kil.
SUPERPHOSPHATES	FR.
Noir de Raffinerie Dosage : 35 à 38 0/0 phosphate.........	17 »
Poudre d'os Dosage : 37 à 39 0/0 phosphate.........	18 »
Minéraux Dosage : 28 à 31 0/0 phosphate soluble assimilable et réduit..............	12 »

MATIÈRES PREMIÈRES

(IMPORTATION DIRECTE)

Chlorure de Potassium, 80 à 82°, degrés en plus ou en moins à bonifier..........	
Nitrate de Potasse à 95°, degrés en plus en moins à bonifier..................	
Nitrate de Soude à 95°, degrés en plus ou en moins à bonifier	
Sulfate d'Ammionaque, 20 à 21 0/0 d'azote...............................	

CONDITIONS DE VENTE. — Nos prix s'entendent pour les 100 kilogrammes nets, logés en sacs plombés, emballage perdu, franco gare Marseille.

PAIEMENT. — En nos traites à 90 jours sans escompte ou au comptant sous escompte de 1 1/2 0/0.

NOTA. – **Les phosphates** que nous employons pour la composition de nos engrais sont tirés exclusivement des poudres d'os et noirs de raffinerie. **L'azote** en est nitrique et ammoniacal dans le n° 1 complet ; nitrique seulement dans le n° 2 complet et 3 incomplet et ammoniacal seulement dans le guano chimique. **La potasse** s'y trouve à l'état de nitrate dans les n°° 1 et 2 complets ; partie à l'état de nitrate et partie à l'état de chlorure dans le n° 3 incomplet ; dans le n° 4 incomplet, elle s'y trouve entièrement à l'état de chlorure.

SOCIÉTÉ AGRICOLE DES ENGRAIS CHIMIQUES DU MIDI

EN COMMANDITE PAR ACTIONS

Au Capital de 500,000 Francs

L. MICOULIN & CIE

Siège Social : 47, Rue Saint-Jacques, MARSEILLE

GÉRANCE

Louis MICOULIN, Ancien sous-gérant de la Maison Eug. Avril et Cie.

Louis BERNEX, Chef de la Maison L. Bernex frères et Cie Marseille-Cette.

CONSEIL DE SURVEILLANCE

Président : M. Jules de ROUGEMONT ✳, Président de la Société d'Agriculture du Département des Bouches-du-Rhône, Président du Syndicat Central du Desséchement d'Arles.

Secrétaire : M. Auguste ROUARD, ancien associé de la Maison Eug. Avril et Cie.

M. Timoléon AMBROY ✳, ancien Maire de Fontvieille, Président de la Société des Viticulteurs submersionnistes du Sud-Est.

M. Hippolyte GILLY, ancien Négociant.

M. Hippolyte ANEZ, Propriétaire agronome.

L'usage des Engrais chimiques, assez restreint il y a quelques années, devient aujourd'hui de plus en plus répandu, et c'est par milliers de tonnes que ces engrais sont expédiés dans les Colonies et à l'étranger. Nos agriculteurs français qui les emploient de préférence y trouvent de même un avantage marqué sur les autres modes de fumure, principalement pour la vigne, et surtout dans les vignobles traités par la submersion.

Il faut bien reconnaître que certains cultivateurs ont été découragés par suite des fraudes qui se sont glissées dans les produits livrés par des maisons peu scrupuleuses, mais leur hésitation à se servir des Engrais chimiques doit forcément disparaître dès l'instant qu'ils pourront les employer en toute sécurité.

Aussi le principal but que nous nous proposons est-il de donner à nos clients cette sécurité absolue en ne leur livrant que des produits composés suivant les meilleurs dosages et d'après les formules que l'expérience a fait reconnaître comme les plus pratiques.

Tous nos sacs étant plombés, le consommateur pourra toujours faire contrôler par une analyse la composition de nos engrais.

Pour donner encore plus de garanties aux personnes qui voudront bien s'adresser à nous et pouvoir suivre de plus près encore les modifications que l'expérience et la pratique pourraient exiger dans les dosages, nous avons sollicité et obtenu le concours, comme membres de notre Conseil de surveillance, d'hommes compétents et dévoués aux choses de l'Agriculture, ainsi que celui de nombreux propriétaires, actionnaires aussi de notre Société, qui garantissent la bonne et loyale fabrication de nos produits par l'usage même qu'ils en feront.

Nous pouvons donc affirmer que notre Société est, chose importante, essentiellement agricole, et que nos produits, fabriqués par M. Anatole Péau, dont les connaissances en cette matière sont bien connues, sous la direction spéciale de M. Louis Micoulin, l'un de nous, offriront aux agriculteurs toutes les garanties désirables.

L. MICOULIN & CIE

Montpellier. — Typ. Boehm et Fils.

9 782329 731759